Konrad Reif
Herausgeber

Bremsregelsysteme
und Fahrerassistenzsysteme 2

Systeme und Funktionen

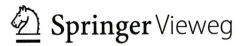

Herausgeber
Prof. Dr.-Ing. Konrad Reif
Duale Hochschule Baden-Württemberg
Ravensburg, Campus Friedrichshafen
Friedrichshafen, Deutschland
editor@reif.re

Grundlagen Kraftfahrzeugtechnik lernen

ISBN 978-3-658-18100-0

Die Deutsche Nationalbibliothek verzeichnet diese Publikation in der Deutschen Nationalbibliographie; detaillierte bibliographische Daten sind im Internet über http://dnb.d-nb.de abrufbar.

Springer Vieweg
© Springer Fachmedien Wiesbaden GmbH 2018
Das Werk einschließlich aller seiner Teile ist urheberrechtlich geschützt. Jede Verwertung, die nicht ausdrücklich vom Urheberrechtsgesetz zugelassen ist, bedarf der vorherigen Zustimmung des Verlags. Das gilt insbesondere für Vervielfältigungen, Bearbeitungen, Übersetzungen, Mikroverfilmungen und die Einspeicherung und Verarbeitung in elektronischen Systemen.

Die Wiedergabe von Gebrauchsnamen, Handelsnamen, Warenbezeichnungen usw. in diesem Werk berechtigt auch ohne besondere Kennzeichnung nicht zu der Annahme, dass solche Namen im Sinne der Warenzeichen- und Markenschutz-Gesetzgebung als frei zu betrachten wären und daher von jedermann benutzt werden dürften.
Der Verlag, die Autoren und die Herausgeber gehen davon aus, dass die Angaben und Informationen in diesem Werk zum Zeitpunkt der Veröffentlichung vollständig und korrekt sind. Weder der Verlag noch die Autoren oder die Herausgeber übernehmen, ausdrücklich oder implizit, Gewähr für den Inhalt des Werkes, etwaige Fehler oder Äußerungen. Der Verlag bleibt im Hinblick auf geografische Zuordnungen und Gebietsbezeichnungen in veröffentlichten Karten und Institutionsadressen neutral.

Gedruckt auf säurefreiem und chlorfrei gebleichtem Papier.

Springer Vieweg ist Teil von Springer Nature
Die eingetragene Gesellschaft ist Springer Fachmedien Wiesbaden GmbH
Die Anschrift der Gesellschaft ist: Abraham-Lincoln-Str. 46, 65189 Wiesbaden, Germany

Vorwort

Die beständige, jahrzehntelange Vorwärtsentwicklung der Fahrzeugtechnik zwingt den Fachmann dazu, mit dieser Entwicklung Schritt zu halten. Dies gilt nicht nur für junge Leute in der Ausbildung und die Ausbilder selbst, sondern auch für jeden, der schon länger auf dem Gebiet der Fahrzeugtechnik und -elektronik arbeitet. Dabei nimmt neben den klassischen Gebieten Fahrzeug- und Motorentechnik die Elektronik eine immer wichtigere Rolle ein.
Die Aus- und Weiterbildungsangebote müssen dem Rechnung tragen, genauso wie die Studienangebote.
   Der Fachlehrgang „Grundlagen Kraftfahrzeugtechnik lernen" nimmt auf diesen Bedarf Bezug und bietet mit zehn Einzelthemen einen leichten Einstieg in das wichtige und umfangreiche Gebiet der Kraftfahrzeugtechnik. Eine fachlich fundierte und anwendungsorientierte Darstellung garantiert eine direkte Verwertbarkeit des Fachlehrgangs in der Praxis. Die leichte Verständlichkeit machen diesen für das Selbststudium besonders geeignet.
   Der hier vorliegende Teil des Fachlehrgangs mit dem Titel „Bremsregelsysteme und Fahrerassistenzsysteme 2" behandelt die Grundlagen zu Bremsregelsystemen und Fahrerassistenzsystemen in einer kompakten und übersichtlichen Form. Dabei wird auf Schlupf- und Fahrstabilitätssysteme sowie auf Einparksysteme, ACC, videobasierte Systeme und Nachtsichtsysteme eingegangen. Außerdem werden die Sicherheitssysteme, Fahrzeugnavigation und Aktivlenkung behandelt. Dieser Teil des Fachlehrgangs wurde aus den Büchern „Bremsen und Bremsregelsysteme" und „Fahrstabilisierungssysteme und Fahrerassistenzsysteme" aus der Reihe Bosch Fachinformation Automobil zusammengestellt.

Friedrichshafen, im Oktober 2017   Konrad Reif

Inhaltsverzeichnis

Antiblockiersystem ABS
Systemübersicht 4
Anforderungen an das ABS 6
Dynamik des gebremsten Rades 7
ABS-Regelkreis 8
Typische Regelzyklen 12

Antriebsschlupfregelung ASR
Aufgaben 20
Funktionsbeschreibung 20
Struktur des ASR 22
Typische Regelsituationen 23
ASR für allradgetriebene Fahrzeuge 24

Elektronisches Stabilitäts-Programm ESP
Anforderungen 28
Aufgaben und Arbeitsweise 29
Fahrmanöver 30
Gesamtregelkreis und Regelgrößen 38

Automatische Bremsfunktionen
Übersicht 44
Standardfunktion 46
Zusatzfunktionen 48

Aktivlenkung
Aufgabe 54
Aufbau 55
Arbeitsweise 56
Sicherheitskonzept 57
Nutzen der Aktivlenkung für den Fahrer 58

Einparksysteme
Einparkhilfe 60
Einparkassistent 63

Adaptive Cruise Control (ACC)
Systemübersicht 66
Systemverbund 68
Sensorik für ACC 70
Detektion und Objektauswahl 71
ACC-Funktion 75
Bedienung und Anzeige 77
Funktionsgrenzen 80
Sicherheitskonzept 82
Weiterentwicklungen 83

Sicherheitssysteme
Insassenschutzsysteme 84
Prädiktive Sicherheitssysteme (PSS) 96
Fußgängerschutz 99

Fahrzeugnavigation
Navigationsgeräte 100
Ortung 101
Zielauswahl 104
Routenberechnung 105
Zielführung 106
Digitale Karte 107
Verkehrstelematik 108

Videobasierte Systeme
Bildverarbeitungssystem 112
Spurverlassenswarner und Spurhalteassistent 114
Verkehrszeichenerkennung 115
Videobasierte Systeme – Ausblick 116

Nachtsichtsysteme
Fern-Infrarot-System (FIR) 118
Nah-Infrarot-System (NIR) 119
HMI-Lösungen für Nachtsichtsysteme 121

Redaktionelle Kästen
Grundlagen der Regelungstechnik 27
Fahrstabilität 53
Verkehrsstau 65
Geschichte der Fahrerassistenzsysteme ... 117

Verständnisfragen 122
Abkürzungsverzeichnis 123

Herausgeber

Prof. Dr.-Ing. Konrad Reif

Autoren

Dipl.-Ing. Heinz-Jürgen Koch-Dücker
(Antiblockiersystem, ABS)

Dr.-Ing. Frank Niewels,
Dipl.-Ing. Jürgen Schuh.
(Antriebsschlupfregelung)

Dipl.-Ing. Thomas Ehret
(Elektronisches Stabilitäts-Programm)

Dipl.-Ing. (FH) Jochen Wagner
(Automatische Bremsfunktionen)

Dipl.-Ing. (FH) Wolfgang Rieger,
  ZF Lenksysteme Schwäbisch Gmünd
(Aktivlenkung)

Prof. Dr.-Ing. Peter Knoll
(Fahrerassistenzsysteme, Sensorik für
Fahrzeugrundumsicht, Einparksysteme, Adaptive
Fahrgeschwindigkeitsregelung,
Prädiktive Sicherheitssysteme, Videobasierte
Systeme, Nachtsichtsysteme)

Dr. rer. nat. Alfred Kuttenberger
(Insassenschutzsysteme)

Dipl.-Betriebsw. Kerstin Lemm
(Fußgängerschutz)

Dipl.-Ing. Ernst-Peter Neukirchner
(Fahrzeugnavigation)

Soweit nicht anders angegeben, handelt es
sich um Mitarbeiter der Robert Bosch GmbH.

Antiblockiersystem ABS

Bei kritischen Fahrverhältnissen kann es während des Bremsvorgangs zum Blockieren der Räder kommen. Ursachen dafür können z. B. nasse oder glatte Fahrbahnen sowie eine schreckhafte Reaktion des Fahrers (unvorhergesehenes Hindernis) sein. Das Fahrzeug kann dadurch lenkunfähig werden, es kann ins Schleudern geraten und/oder von der Fahrbahn abkommen. Das Antiblockiersystem (ABS) erkennt beim Bremsen frühzeitig die Blockierneigung eines oder mehrerer Räder und sorgt dann sofort dafür, dass der Bremsdruck konstant gehalten oder verringert wird. So blockieren die Räder nicht und das Fahrzeug folgt der Lenkung. Damit lässt sich ein Auto sicher und schnell abbremsen bzw. zum Stillstand bringen.

Systemübersicht

Die ABS-Bremsanlage baut auf den Komponenten des konventionellen Bremssystems auf. Das sind
- das Bremspedal (Bild 1, Pos. 1),
- der Bremskraftverstärker (2),
- der Hauptzylinder (3),
- der Ausgleichsbehälter (4),
- die Bremsleitungen (5) und Bremsschläuche (6) sowie
- die Radbremsen mit den Radzylindern (7).

Hinzu kommen weitere Komponenten:
- die Raddrehzahlsensoren (8),
- das Hydroaggregat (9) und
- das ABS-Steuergerät (10).

Die Kontrollleuchte (11) zeigt dem Fahrer an, wenn das ABS-System abgeschaltet ist.

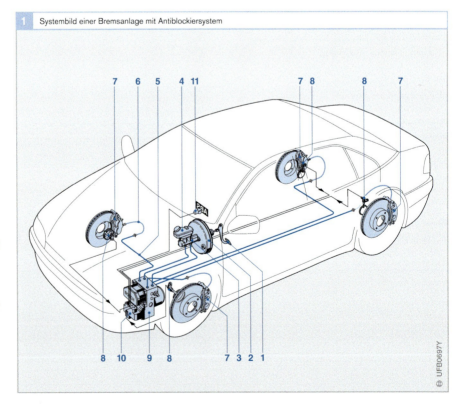

1 Systembild einer Bremsanlage mit Antiblockiersystem

Bild 1
1. Bremspedal
2. Bremskraftverstärker
3. Hauptzylinder
4. Ausgleichsbehälter
5. Bremsleitung
6. Bremsschlauch
7. Radbremse mit Radzylinder
8. Raddrehzahlsensor
9. Hydroaggregat
10. ABS-Steuergerät (hier als Anbausteuergerät am Hydroaggregat)
11. ABS-Kontrollleuchte

Raddrehzahlsensoren

Wichtige Eingangsgrößen für die Bremsenregelung mit dem ABS sind die Raddrehzahlen. Raddrehzahlsensoren erfassen die Umdrehungsgeschwindigkeiten der Räder und leiten die elektrischen Signale an das Steuergerät weiter.

Je nach Ausführung des Systems werden im Pkw drei oder vier Raddrehzahlsensoren eingesetzt (ABS-Systemvarianten). Mithilfe der Drehzahlsignale kann der Schlupf zwischen Rad und Fahrbahn berechnet und so die Blockierneigung einzelner Räder erkannt werden.

Steuergerät

Das Steuergerät verarbeitet die Informationen der Sensoren nach festgelegten mathematischen Rechenvorgängen (Steuer- und Regelalgorithmen). Als Ergebnis dieser Berechnungen entstehen die Ansteuersignale für das Hydroaggregat.

Hydroaggregat

Im Hydroaggregat sind Magnetventile integriert, die die hydraulischen Leitungen zwischen dem Hauptzylinder (Bild 2, Pos. 1) und den Radzylindern (4) durchschalten oder unterbrechen können. Außerdem kann eine Verbindung zwischen den Radzylindern und der Rückförderpumpe (6) hergestellt werden. Zur Anwendung kommen Magnetventile mit zwei hydraulischen Anschlüssen und zwei Ventilstellungen (2/2-Magnetventile). Das Einlassventil (7) zwischen dem Haupt- und dem Radzylinder sorgt für den Druckaufbau, das Auslassventil (8) zwischen Radzylinder und der Rückförderpumpe für den Druckabbau. Für jeden Radzylinder ist solch ein Magnetventilpaar vorhanden.

Im Normalzustand befinden sich die Magnetventile des Hydroaggregats in Stellung „Druckaufbau". Das Einlassventil ist in Durchlassstellung. Das Hydroaggregat bildet eine durchgängige Verbindung zwischen dem Hauptzylinder und den Radzylindern. Damit wird der im Hauptzylinder aufgebaute Bremsdruck beim Bremsvorgang an die Radzylinder der verschiedenen Räder direkt übertragen.

Mit zunehmendem Bremsschlupf infolge einer Bremsung auf rutschiger Fahrbahn oder Vollbremsung erhöht sich die Blockiergefahr der Räder. Die Magnetventile werden in Stellung „Druck halten" gebracht. Die Verbindung zwischen Haupt- und Radzylinder ist getrennt (Einlassventil sperrt), sodass eine weitere Druckerhöhung im Hauptzylinder keine Erhöhung des Bremsdrucks zur Folge hat.

Kommt es trotz dieser Maßnahme zu einer weiteren Erhöhung des Schlupfs, muss der Druck im betreffenden Radzylinder reduziert werden. Hierzu schalten die Magnetventile in die Stellung „Druckabbau". Das Einlassventil sperrt weiterhin, über das Auslassventil wird nun mit der im Hydroaggregat integrierten Rückförderpumpe Bremsflüssigkeit kontrolliert abgepumpt. Der Bremsdruck im Radzylinder sinkt und das Rad blockiert nicht.

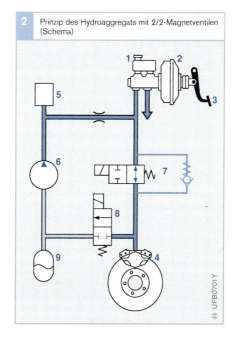

Bild 2
1 Hauptzylinder mit Ausgleichsbehälter
2 Bremskraftverstärker
3 Bremspedal
4 Radbremse mit Radzylinder

Hydroaggregat mit
5 Dämpferkammer
6 Rückförderpumpe
7 Einlassventil
8 Auslassventil
9 Speicher für Bremsflüssigkeit

Einlassventil:
 in Durchlassbetrieb
Auslassventil:
 in Sperrbetrieb

Anforderungen an das ABS

Das ABS muss umfangreiche Anforderungen erfüllen, insbesondere alle Sicherheitsanforderungen der Bremsdynamik und der Bremsgerätetechnik:

Fahrstabilität und Lenkbarkeit
- Die Bremsregelung soll Stabilität und Lenkbarkeit bei allen Fahrbahnbeschaffenheiten (von der trockenen, griffigen Fahrbahn bis hin zum Glatteis) sicherstellen.
- Das ABS soll die Haftreibungszahl zwischen den Rädern und der Fahrbahn beim Bremsen maximal ausnutzen, wobei Fahrstabilität und Lenkbarkeit Vorrang vor einer Verkürzung des Bremswegs haben. Dabei darf es keine Rolle spielen, ob der Fahrer abrupt auf die Bremse tritt oder den Bremsdruck langsam bis zur Blockiergrenze steigert.
- Die Bremsregelung muss sich Änderungen der Fahrbahngriffigkeit schnell anpassen, z.B. muss auf einer trockenen Fahrbahn mit örtlich begrenzten Eisflächen das mögliche Blockieren der Räder auf so kurze Zeiten beschränkt sein, dass Fahrstabilität und Lenkbarkeit nicht beeinträchtigt werden. Andererseits muss die Ausnutzung der Haftung auf dem trockenen Teil der Fahrbahn möglichst groß sein.
- Beim Bremsen auf ungleicher Fahrbahnoberfläche (z.B. rechte Räder auf Eis, linke Räder auf trockenem Asphalt, auch „µ-split" genannt) sollen die dabei unvermeidlich auftretenden Giermomente (Drehmomente um die Fahrzeughochachse, die das Auto quer zur Fahrtrichtung zu drehen versuchen) so langsam ansteigen, dass sie der „Normalfahrer" durch Gegenlenken mühelos ausgleichen kann.
- In der Kurve muss das Fahrzeug beim Bremsen stabil und lenkbar bleiben und einen möglichst kurzen Bremsweg aufweisen, solange die Fahrzeuggeschwindigkeit ausreichend weit unter der Kurvengrenzgeschwindigkeit liegt (unter der Kurvengrenzgeschwindigkeit versteht man die Geschwindigkeit des Fahrzeugs, mit der es eine Kurve von gegebenem Radius antriebslos gerade noch durchfahren kann, ohne von der Fahrbahn abzukommen).
- Auch auf welliger Fahrbahn gilt bei beliebig starker Bremsung die Forderung nach Fahrstabilität, Lenkbarkeit und bestmöglicher Abbremsung.
- Die Bremsregelung muss Aquaplaning (Aufschwimmen der Räder bei wasserbedeckter Fahrbahn) erkennen und darauf geeignet reagieren. Stabilität und Geradeauslauf des Fahrzeugs müssen dabei erhalten bleiben.

Regelbereich
- Die Bremsregelung muss im gesamten Geschwindigkeitsbereich eines Fahrzeugs bis hinunter zur Schrittgeschwindigkeit arbeiten (untere Geschwindigkeitsgrenze bei ca. 2,5 km/h). Blockieren bei dieser geringen Geschwindigkeit die Räder, ist der restliche Weg des Fahrzeugs bis zum Stillstand unkritisch.

Zeitverhalten
- Die Anpassung an Bremshysterese (Nachbremsen nach Lösen der Radbremse) und Einflüsse des Motors (wenn eingekuppelt gebremst wird) müssen möglichst schnell ablaufen.
- Ein Aufschaukeln des Fahrzeugs durch Schwingungen der Radaufhängung muss vermieden werden.

Zuverlässigkeit
- Eine Überwachungsschaltung muss ständig die einwandfreie Funktion des ABS kontrollieren. Wenn diese einen Fehler erkennt, der das Bremsverhalten beeinträchtigen könnte, schaltet das ABS ab. Eine Informationslampe muss dem Fahrer anzeigen, dass nur noch die Basis-Bremsanlage ohne ABS zur Verfügung steht.

Dynamik des gebremsten Rades

Die Bilder 1 und 2 zeigen physikalische Abhängigkeiten bei Bremsvorgängen mit ABS, wobei die ABS-Regelbereiche als blaue Fläche eingezeichnet sind.

Die Kurven 1, 2 und 4 in Bild 1 zeigen Fahrbahnzustände, bei denen mit steigendem Bremsdruck die Haftreibung und damit auch die Bremswirkung bis auf einen Höchstwert ansteigt.

Den Bremsdruck bei einem Fahrzeug ohne ABS über diesen Haftreibungshöchstwert hinaus zu steigern bedeutet, das Fahrzeug zu überbremsen. Dabei vergrößert sich mit der Verformung des Reifens der „rutschende" Teil der Reifenaufstandsfläche („Kontaktfläche zur Fahrbahn") soweit, dass die Haftreibung sinkt und die Gleitreibung wächst.

Der Bremsschlupf λ ist ein Maß für den Anteil der Gleitreibung: bei $\lambda = 100\,\%$ blockiert das Rad und es herrscht nur Gleitreibung.

Der Bremsschlupf

$$\lambda = \frac{(v_F - v_R)}{v_F} \cdot 100\,\%$$

gibt an, in welchem Maße die Radumfangsgeschwindigkeit v_R gegenüber der Fahrzeuggeschwindigkeit v_F nacheilt.

Aus dem Verlauf (Bild 1) der Kurven 1 (Trockenheit), 2 (Nässe) und 4 (Glatteis) ist ersichtlich, dass mit dem ABS kürzere Bremswege erzielt werden als bei einer Vollbremsung mit blockierten Rädern (Bremsschlupf $\lambda = 100\,\%$). Bei Kurve 3 (Schnee) sorgt ein Schneekeil für zusätzliche Bremswirkung bei blockierten Rädern; hier liegt der Vorteil des ABS im Erhalten der Fahrstabilität und der Lenkbarkeit.

Wie die beiden Kurven für Haftreibungszahl μ_{HF} und Seitenkraftbeiwert μ_S in Bild 2 zeigen, muss für den großen Schräglaufwinkel $\alpha = 10°$ (d.h. hohe Seitenkraft infolge hoher Querbeschleunigung des Fahrzeugs) im Vergleich zum Schräglaufwinkel $\alpha = 2°$ der ABS-Regelbereich ausgedehnt werden:

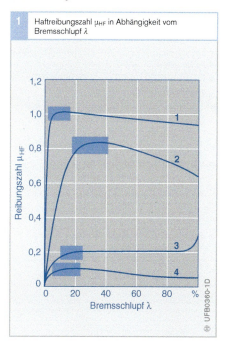

1 Haftreibungszahl μ_{HF} in Abhängigkeit vom Bremsschlupf λ

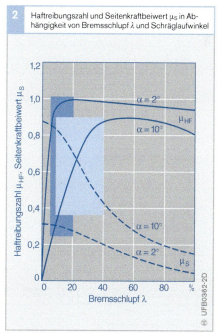

2 Haftreibungszahl und Seitenkraftbeiwert μ_S in Abhängigkeit von Bremsschlupf λ und Schräglaufwinkel

Bild 1
1 Radialreifen auf trockenem Beton
2 Diagonal-Winterreifen auf nassem Asphalt
3 Radialreifen auf lockerem Schnee
4 Radialreifen auf nassem Glatteis
Blaue Flächen: ABS-Regelbereiche.

Bild 2
μ_{HF} Haftreibungszahl
μ_S Seitenkraftbeiwert
α Schräglaufwinkel
Blaue Flächen: ABS-Regelbereiche

Bremst man in einer Kurve mit großer Querbeschleunigung voll an, so greift das ABS frühzeitig ein und lässt anfangs z. B. einen Bremsschlupf von 10 % zu. Bei $\alpha = 10°$ wird zunächst nur eine Haftreibungszahl von $\mu_{HF} = 0{,}35$ erreicht, während der Seitenkraftbeiwert mit $\mu_S = 0{,}80$ noch fast sein Maximum aufweist.

In dem Maße, wie während der Kurvenbremsung Geschwindigkeit und damit Querbeschleunigung abnehmen, erlaubt das ABS zunehmend größere Schlupfwerte, sodass die Verzögerung zunimmt, während der Seitenkraftbeiwert entsprechend der abnehmenden Querbeschleunigung geringer wird.

Bei der Kurvenbremsung wachsen die Bremskräfte so schnell an, dass der gesamte Bremsweg nur wenig länger ist als bei einer Bremsung bei Geradeausfahrt unter gleichen Bedingungen.

ABS-Regelkreis

Übersicht
Der ABS-Regelkreis (Bild 1) besteht aus:

Regelstrecke
- Fahrzeug mit Radbremse,
- Rad und Reibpaarung aus Reifen und Fahrbahn.

Störgrößen im Regelkreis
- Änderungen des Kraftschlusses zwischen Reifen und Fahrbahn wegen unterschiedlicher Fahrbahnoberflächen und durch Veränderung der Radlasten, z. B. bei Kurvenfahrt,
- Fahrbahnunebenheiten, die Rad- und Achsschwingungen hervorrufen,
- Unrundheit der Reifen, geringer Reifendruck, abgefahrenes Profil, unterschiedliche Radumfänge, z. B. beim Notrad,
- Hysterese und Fading der Bremsen,
- unterschiedliche Drücke im Hauptzylinder für die beiden Bremskreise.

Regler
- Raddrehzahlsensor und
- ABS-Steuergerät.

Regelgrößen
- Raddrehzahl und daraus abgeleitet die Radumfangsverzögerung,
- Radumfangsbeschleunigung sowie der Bremsschlupf.

Führungsgröße
- Fahrerfußkraft auf das Bremspedal, verstärkt durch den Bremskraftverstärker, erzeugt den Bremsdruck im Bremssystem.

Stellgröße
- Bremsdruck im Radzylinder.

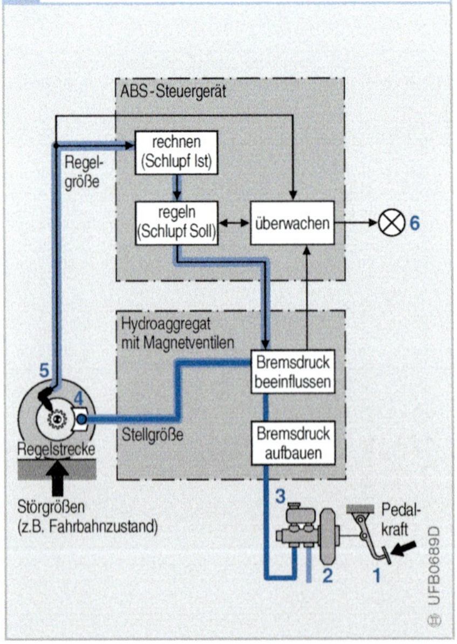

Bild 1
1 Bremspedal
2 Bremskraftverstärker
3 Hauptzylinder mit Ausgleichsbehälter
4 Radzylinder
5 Raddrehzahlsensor
6 Kontrollleuchte

Regelstrecke

Die Datenverarbeitung im ABS-Steuergerät geht von folgender vereinfachter Regelstrecke aus:
- ein nicht angetriebenes Rad,
- ein Viertel der Fahrzeugmasse, die diesem Rad zugeordnet wird,
- die Radbremse
  und – stellvertretend für die Reibpaarung aus Reifen und Fahrbahn –
- eine idealisierte Haftreibungszahl-Schlupf-Kurve (Bild 2).

Diese Kurve unterteilt sich in einen stabilen Bereich mit linearem Anstieg und einen instabilen Bereich mit konstantem Verlauf (μ_{HFmax}). Als weitere Vereinfachung liegt außerdem ein Anbremsvorgang bei Geradeausfahrt zugrunde, was einer Panikbremsung entspricht.

Bild 3 zeigt die Zusammenhänge zwischen Bremsmoment M_B (Moment, das die Bremse über den Reifen aufbringen kann) bzw. Fahrbahn-Reibmoment M_R (Moment, das über die Reibpaarung Fahrbahn/Reifen auf das Rad zurückwirkt) und der Zeit t sowie die Zusammenhänge zwischen der Radumfangsverzögerung ($-a$) und der Zeit t: Das Bremsmoment erhöht sich linear mit der Zeit. Das Fahrbahn-Reibmoment folgt dem Bremsmoment mit einem geringen Zeitverzug T nach, solange der Bremsvorgang im stabilen Bereich der Haftreibungszahl-Schlupf-Kurve verläuft. Nach etwa 130 ms ist das Maximum (μ_{HFmax}) und damit der instabile Bereich der Haftreibungszahl-Schlupf-Kurve erreicht. Während das Bremsmoment M_B unvermindert weiter ansteigt, kann gemäß der Haftreibungszahl-Schlupf-Kurve das Fahrbahn-Reibmoment M_R nicht weiter ansteigen, sondern bleibt konstant. In der Zeit zwischen 130 und 240 ms (hier blockiert das Rad) wächst die im stabilen Bereich kleine Momentendifferenz $M_B - M_R$ schnell auf große Werte an. Diese Momentendifferenz ist ein exaktes Maß für die Radumfangsverzögerung ($-a$) des gebremsten Rades (Bild 3, unten). Im stabilen Bereich ist die Radumfangsverzögerung auf einen kleinen Wert begrenzt, während sie im instabilen Bereich betragsmäßig schnell ansteigt. Daraus ergibt sich ein gegensätzliches Verhalten im stabilen und im instabilen Bereich der Haftreibungszahl-Schlupf-Kurve. ABS nutzt diese gegensätzliche Charakteristik aus.

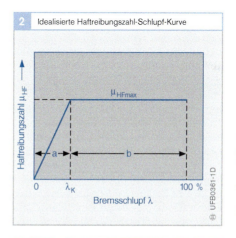

Bild 2
a Stabiler Bereich
b instabiler Bereich
λ_K bestmöglicher Bremsschlupf
μ_{HFmax} maximale Haftreibungszahl

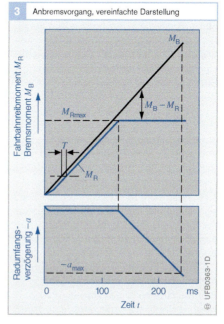

Bild 3
($-a$) Radumfangsverzögerung
($-a_{max}$) maximale Radumfangsverzögerung
M_B Bremsmoment
M_R Fahrbahnreibmoment
M_{Rmax} maximales Fahrbahnreibmoment
T Zeitverzug

Regelgrößen

Wesentlich für die Güte der ABS-Regelung ist die Wahl der geeigneten Regelgrößen. Grundlage dafür sind die Signale der Raddrehzahlsensoren, aus denen im Steuergerät Radumfangsverzögerung und -beschleunigung, Bremsschlupf, Referenzgeschwindigkeit und Fahrzeugverzögerung berechnet werden. Für sich allein sind weder Radumfangsverzögerung/-beschleunigung noch Bremsschlupf als Regelgrößen geeignet, da sich ein angetriebenes Rad beim Bremsen gänzlich anders verhält als ein nicht angetriebenes Rad. Durch eine geeignete logische Verknüpfung dieser Größen lassen sich bereits gute Ergebnisse erzielen.

Da sich der Bremsschlupf nicht direkt messen lässt, wird eine ihm ähnliche Größe im Steuergerät berechnet. Als Basis dazu dient die Referenzgeschwindigkeit, die der Geschwindigkeit unter bestmöglichen Abbremsbedingungen (optimalem Bremsschlupf) entspricht. Um diese zu ermitteln, melden die Raddrehzahlsensoren dem Steuergerät ständig Signale zur Berechnung der Radgeschwindigkeiten. Das Steuergerät greift sich eine „Diagonale" (z. B. rechtes Vorderrad und linkes Hinterrad) heraus und bildet daraus die Referenzgeschwindigkeit. Bei Teilbremsungen bestimmt im Allgemeinen das schneller laufende der beiden Räder einer Diagonalen die Referenzgeschwindigkeit. Setzt bei einer Vollbremsung die ABS-Regelung ein, dann weichen die Radgeschwindigkeiten von der Fahrzeuggeschwindigkeit ab und können deshalb nicht mehr ohne Korrektur zur Berechnung der Referenzgeschwindigkeit dienen. Während der Regelphase bildet das Steuergerät die Referenzgeschwindigkeit ausgehend von der Geschwindigkeit bei Regelbeginn und lässt sie rampenförmig abnehmen. Die Steigung der Rampe wird durch die Auswertung logischer Signale und Verknüpfungen gewonnen.

Wird zusätzlich zu der Radumfangsbeschleunigung bzw. -verzögerung und dem Bremsschlupf noch die Fahrzeugverzögerung als Hilfsgröße herangezogen und wird die logische Schaltung im Steuergerät durch Rechenergebnisse beeinflusst, dann lässt sich eine ideale Bremsregelung erzielen. Dieses Konzept ist im Antiblockiersystem (ABS) von Bosch verwirklicht.

Regelgrößen für nicht angetriebene Räder

Radumfangsbeschleunigung und -verzögerung eignen sich im Allgemeinen als Regelgrößen für nicht angetriebene Räder und Antriebsräder, wenn der Fahrer ausgekuppelt bremst. Dies ist in dem gegensätzlichen Verhalten der Regelstrecke im stabilen und im instabilen Bereich der Haftreibungszahl-Schlupf-Kurve begründet.

Im stabilen Bereich kann die Radumfangsverzögerung nur begrenzte Werte annehmen. D. h., wenn der Fahrer stärker auf das Bremspedal tritt, bremst das Auto stärker ab, ohne dass die Räder blockieren.

Im instabilen Bereich dagegen genügt es, dass der Fahrer nur wenig fester auf das Bremspedal tritt, um die Räder augenblicklich blockieren zu lassen. Dieses Verhalten gestattet es sehr oft, mithilfe der Radumfangsverzögerung und -beschleunigung den Schlupf zur optimalen Bremsung zu erfassen.

Eine feste Schwelle der Radumfangsverzögerung zur Einleitung einer ABS-Regelung darf nur wenig über der maximal möglichen Fahrzeugverzögerung liegen. Dies ist besonders wichtig, wenn der Fahrer anfänglich nur leicht anbremst, dann aber zunehmend fester auf das Bremspedal tritt. Bei zu hoch angesetzter Schwelle könnten dann die Räder weit in den instabilen Bereich der Haftreibungszahl-Schlupf-Kurve gelangen, ohne dass das ABS die drohende Instabilität erkennt.

Wird während einer Vollbremsung zum ersten Mal die feste Schwelle der Radumfangsverzögerung erreicht, dann darf der Bremsdruck im betreffenden Rad nicht automatisch gesenkt werden, denn bei Reifen moderner Bauart ginge auf griffigem Untergrund gerade bei hoher Ausgangsgeschwindigkeit wertvoller Bremsweg verloren.

Regelgrößen für angetriebene Räder
Ist während des Bremsens der erste oder zweite Gang eingelegt, dann wirkt der Motor auf die Antriebsräder und erhöht deren wirksame Massenträgheitsmomente Θ_R beträchtlich. D. h., die Räder verhalten sich so, als seien sie erheblich schwerer. In gleichem Maße verringert sich die Empfindlichkeit der Radumfangsverzögerung auf Änderungen des Bremsmoments im instabilen Bereich der Haftreibungszahl-Schlupf-Kurve.

Das bei den nicht angetriebenen Rädern ausgeprägte gegensätzliche Verhalten zwischen stabilem und instabilem Bereich der Haftreibungszahl-Schlupf-Kurve wird stark geglättet, weil die Radumfangsverzögerung als Regelgröße hier oft nicht ausreicht, um den Bremsschlupf mit größtmöglicher Reibung zu erfassen. Es ist vielmehr notwendig, zusätzlich eine dem Bremsschlupf ähnliche Größe als Regelgröße heranzuziehen und mit der Radumfangsverzögerung in geeigneter Weise zu kombinieren.

Bild 4 zeigt zum Vergleich einen Anbremsvorgang für ein nicht angetriebenes Rad und für ein mit dem Motor gekoppeltes Antriebsrad. Die Motorträgheit vergrößert bei diesem Beispiel das wirksame Radträgheitsmoment um das Vierfache. Beim nicht angetriebenen Rad wird eine bestimmte Schwelle der Radumfangsverzögerung $(-a)_1$ schon frühzeitig beim Verlassen des stabilen Bereichs der Haftreibungszahl-Schlupfkurve überschritten. Wegen des um den Faktor 4 größeren Radträgheitsmoments beim angetriebenen Rad muss sich erst die vierfache Momentdifferenz

$$\Delta M_2 = 4 \cdot \Delta M_1$$

einstellen, bevor die Schwelle $(-a)_2$ überschritten wird. Das angetriebene Rad kann sich dann schon weit im instabilen Bereich der Haftreibungszahl-Schlupf-Kurve befinden, worunter die Fahrzeugstabilität leidet.

Regelgüte
Leistungsfähige Antiblockiersysteme müssen folgende Kriterien zur Regelgüte erfüllen:
- Erhaltung der Fahrstabilität durch Bereitstellung ausreichender Seitenführungskräfte an den Hinterrädern,
- Erhaltung der Lenkbarkeit durch Bereitstellung ausreichender Seitenführungskräfte an den Vorderrädern,
- Bremswegverkürzungen gegenüber Blockierbremsungen durch optimale Ausnutzung des Kraftschlusses zwischen Reifen und Fahrbahn,
- schnelle Anpassung des Bremsdrucks an unterschiedliche Haftreibungszahlen, z. B. beim Überfahren von Pfützen oder Schnee- und Eisplatten,
- Gewährleistung kleiner Regelamplituden des Bremsmoments zur Vermeidung von Fahrwerkschwingungen und
- hoher Komfort durch kleine Pedalrückwirkungen („Pedalstottern") und niederes Geräuschniveau der Aktoren (Magnetventile und Rückförderpumpe des Hydroaggregats).

Die genannten Kriterien können aber nicht einzeln, sondern nur in der Gesamtheit optimiert werden. Dabei kommt der Fahrstabilität und der Lenkbarkeit ein hoher Stellenwert zu.

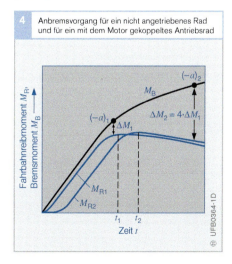

Bild 4 Anbremsvorgang für ein nicht angetriebenes Rad und für ein mit dem Motor gekoppeltes Antriebsrad

Bild 4
Index 1: nicht angetriebenes Rad
Index 2: angetriebenes Rad (Radträgheitsmoment bei diesem Beispiel um Faktor 4 höher)
$(-a)$ Schwelle der Radumfangsverzögerung
M Momentdifferenz $M_B - M_R$

Typische Regelzyklen

Bremsregelung auf griffiger Straße (große Haftreibungszahl)

Wenn die Bremsregelung auf griffiger Straße (Straßenoberfläche mit großer Haftreibungszahl) eingeleitet ist, dann muss der anschließende Druckaufbau um den Faktor 5…10 langsamer erfolgen als in der Anbremsphase, um störende Achsresonanzen zu vermeiden. Aus diesen Bedingungen ergibt sich der in Bild 1 dargestellte Verlauf der Bremsregelung bei großen Haftreibungszahlen.

Beim Anbremsen steigen der Bremsdruck im Radzylinder und die Radumfangsverzögerung (negative Beschleunigung). Am Ende der Phase 1 überschreitet die Radumfangsverzögerung die fest vorgegebene Schwelle ($-a$). Dadurch schaltet das betreffende Magnetventil in die Stellung „Druckhalten". Der Bremsdruck darf jetzt noch nicht abgebaut werden, weil die Schwelle ($-a$) schon im stabilen Gebiet der Haftreibungszahl-Schlupf-Kurve überschritten werden könnte und damit Bremsweg „verschenkt" würde. Gleichzeitig vermindert sich die Referenzgeschwindigkeit v_{Ref} nach einer vorgegebenen Rampe. Aus der Referenzgeschwindigkeit wird der Wert für die Schlupfschaltschwelle λ_1 abgeleitet.

Am Ende der Phase 2 unterschreitet die Radumfangsgeschwindigkeit v_R die λ_1-Schwelle. Daraufhin schalten die Magnetventile in die Stellung „Druckabbau", sodass

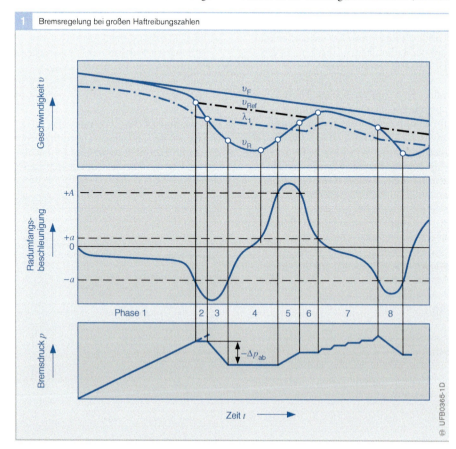

Bild 1
v_F Fahrzeuggeschwindigkeit
v_{Ref} Referenzgeschwindigkeit
v_R Radumfangsgeschwindigkeit
λ_1 Schlupfschaltschwelle

Schaltsignale:
$+A$, $+a$ Schwellen der Radumfangsbeschleunigung
$-a$ Schwelle der Radumfangsverzögerung
$-\Delta p_{ab}$ Bremsdruckabnahme

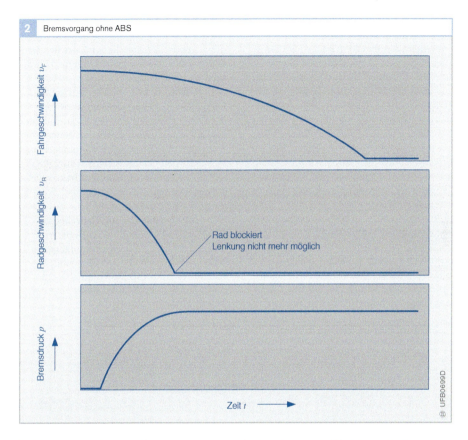

2 Bremsvorgang ohne ABS

Fahrgeschwindigkeit v_F

Radgeschwindigkeit v_R — Rad blockiert, Lenkung nicht mehr möglich

Bremsdruck p

Zeit t

der Bremsdruck sinkt, und zwar so lange, wie die Radumfangsverzögerung die Schwelle $(-a)$ überschritten hat.

Am Ende der Phase 3 wird die Schwelle $(-a)$ wieder unterschritten, und eine Druckhaltephase bestimmter Dauer schließt sich an. Innerhalb dieser Zeit hat die Radumfangsbeschleunigung so stark zugenommen, dass die Schwelle $(+a)$ überschritten wird. Der Druck bleibt weiterhin konstant.

Am Ende der Phase 4 überschreitet die Radumfangsbeschleunigung die verhältnismäßig große Schwelle $(+A)$. Der Bremsdruck steigt daraufhin so lange an, wie die Schwelle $(+A)$ überschritten bleibt.

In der Phase 6 wird der Bremsdruck wiederum konstant gehalten, weil die Schwelle $(+a)$ überschritten ist. Am Ende dieser Phase unterschreitet die Radumfangsbeschleunigung die Schwelle $(+a)$. Dies ist ein Hinweis darauf, dass das Rad in den stabilen Bereich der Haftreibungszahl-Schlupf-Kurve eingelaufen und etwas unterbremst ist.

Der Bremsdruck wird nun in Stufen aufgebaut (Phase 7), und zwar so lange, bis die Radumfangsverzögerung die Schwelle $(-a)$ unterschreitet (Ende der Phase 7). Diesmal wird der Bremsdruck sofort abgebaut, ohne dass ein λ_1-Signal erzeugt wird.

Im Vergleich zum ABS-Bremsvorgang zeigt Bild 2 die Verhältnisse bei einer Vollbremsung ohne ABS.

Bremsregelung auf glatter Straße (kleine Haftreibungszahl)

Im Gegensatz zu einer griffigen Fahrbahnoberfläche genügt auf glatter Straße oft schon ein leichter Tritt auf das Bremspedal, um die Räder blockieren zu lassen. Die Räder benötigen dann weit mehr Zeit, um aus einer Phase hohen Schlupfes wieder zu beschleunigen. Die Regellogik im Steuergerät erkennt die jeweils herrschenden Straßenbedingungen und passt die Charakteristik des ABS daran an. Bild 3 zeigt eine typische Bremsregelung für kleine Haftreibungszahlen.

In den Phasen 1…3 verläuft die Bremsregelung so wie bei großen Haftreibungszahlen.

Phase 4 beginnt mit einer Druckhaltephase von kurzer Dauer. Dann wird während einer sehr kurzen Zeit ein Vergleich der Radgeschwindigkeit mit der Schlupfschaltwelle λ_1 durchgeführt. Da die Radumfangsgeschwindigkeit kleiner ist als der Wert der Schlupfschaltschwelle, wird der Bremsdruck während einer kurzen, festen Zeit abgebaut.

Es schließt sich eine weitere kurze Druckhaltephase an. Dann wird erneut ein Vergleich zwischen Radumfangsgeschwindigkeit und Schlupfschaltschwelle λ_1 vorgenommen, der zum Druckabbau während einer kurzen, festen Zeitdauer führt. In der folgenden Druckhaltephase beschleunigt das Rad wieder, und seine Radumfangsbeschleunigung überschreitet die Schwelle ($+a$). Dies führt zum weiteren Druckhalten, bis die Schwelle ($+a$) wieder unterschritten wird (Ende der Phase 5). In Phase 6 folgt der schon vom vorhergehenden Abschnitt bekannte stufenförmige Aufbau des Drucks, bis in Phase 7 durch Druckabbau ein neuer Regelzyklus eingeleitet wird.

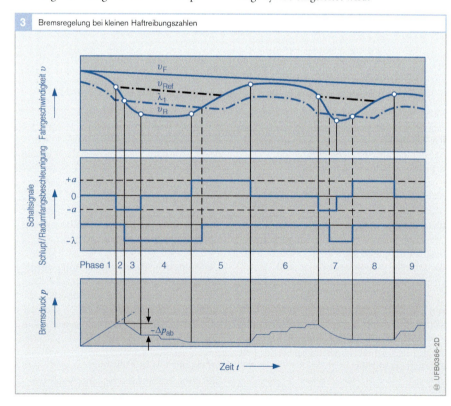

Bild 3
v_F Fahrzeuggeschwindigkeit
v_{Ref} Referenzgeschwindigkeit
v_R Radumfangsgeschwindigkeit
λ_1 Schlupfschaltschwelle.

Schaltsignale:
$+a$ Schwelle der Radumfangsbeschleunigung
$-a$ Schwelle der Radumfangsverzögerung
$-p_{ab}$ Bremsdruckabnahme

Im vorher beschriebenen Zyklus hat die Reglerlogik erkannt, dass nach dem Druckabbau – ausgelöst durch das Signal ($-a$) – noch zwei weitere Druckabbaustufen notwendig waren, um das Rad wieder zu beschleunigen. Das Rad läuft verhältnismäßig lange im Bereich größeren Schlupfes, was für Fahrstabilität und Lenkbarkeit nicht günstig ist.

Um beide zu verbessern, wird in diesem und auch in den folgenden Regelzyklen der Vergleich zwischen der Radumfangsgeschwindigkeit und der Schlupfschaltschwelle λ_1 kontinuierlich durchgeführt. Dies hat zur Folge, dass in Phase 6 der Bremsdruck stetig abgebaut wird, bis in Phase 7 die Radumfangsbeschleunigung die Schwelle ($+a$) überschreitet. Wegen des stetigen Druckabbaus läuft das Rad nur kurzzeitig mit größerem Schlupf, sodass Fahrstabilität und Lenkbarkeit gegenüber dem ersten Regelzyklus erhöht sind.

Bremsregelung mit Giermomentaufbauverzögerung

Beim Anbremsen auf ungleichen Fahrbahnoberflächen („µ-split"-Bedingungen) – z. B. die linken Räder auf trockenem Asphalt, die rechten Räder auf Eis – entstehen an den Vorderrädern sehr unterschiedliche Bremskräfte (Bild 4). Diese unterschiedlichen Bremskräfte bewirken ein Drehmoment um die Fahrzeughochachse (Giermoment). Weiterhin führen sie auch zu Lenkradrückwirkungen, abhängig vom Lenkrollhalbmesser. Bei positiven Werten des Lenkrollhalbmessers wird das Gegenlenken erschwert, während bei negativen Werten dies zu stabilisierendem Verhalten führt.

Schwere Pkw weisen einen relativ großen Radstand und ein großes Fahrzeug-Trägheitsmoment um die Hochachse auf. Bei diesen Fahrzeugen erfolgt das Gieren so langsam, dass der Fahrer die Gierbewegung beim Bremsen mit ABS durch Gegenlenken hinreichend schnell ausgleichen kann. Kleinere Pkw mit geringem Radstand und geringem Fahrzeug-Trägheitsmoment benötigen jedoch neben dem ABS eine zusätzliche **G**ier**m**omentauf**b**au**v**erzögerung (GMA), um auch diese Fahrzeuge bei Panikbremsungen auf ungleichen Fahrbahnoberflächen gut beherrschbar zu machen. Eine Verzögerung des Giermomentaufbaus kann dadurch erreicht werden, dass an dem Vorderrad, das auf der Fahrbahnseite mit der größeren Haftreibungszahl läuft („High"-Rad), ein zeitlich verzögerter Druckaufbau im Radzylinder vorgenommen wird.

Bild 5 (nächste Seite) verdeutlicht das Prinzip der Giermomentaufbauverzögerung: Kurve 1 zeigt den Bremsdruck p im Hauptzylinder. Ist keine Giermomentaufbauverzögerung vorhanden, dann weist nach kurzer Zeit das Rad auf Asphalt den Druck p_{high} (Kurve 2), das Rad auf Eis den Druck p_{low} (Kurve 5) auf; jedes Rad bremst mit der jeweils möglichen maximalen Verzögerung (Individualregelung).

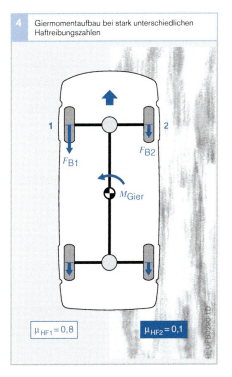

4 Giermomentaufbau bei stark unterschiedlichen Haftreibungszahlen

$\mu_{HF1} = 0,8$ $\mu_{HF2} = 0,1$

F_{B1} F_{B2} M_{Gier}

Bild 4
M_{Gier} Giermoment
F_B Bremskraft
1 „High"-Rad
2 „Low"-Rad

System GMA 1

Bei Fahrzeugen mit weniger kritischem Fahrverhalten setzt man das System GMA 1 ein. Hierbei wird in der Anbremsphase der Bremsdruck am „High"-Rad in Stufen aufgebaut (Kurve 3), sobald das „Low"-Rad infolge einer Blockiertendenz seinen ersten Druckabbau erfährt. Wenn der Bremsdruck des „High"-Rads sein Blockierniveau erreicht hat, wird er nicht mehr von den Signalen des „Low"-Rades beeinflusst, sondern individuell geregelt, sodass an diesem Rad die maximal mögliche Bremskraft genutzt wird. Diese Maßnahme sichert für die erwähnte Fahrzeugart ein zufrieden stellendes Lenkverhalten bei Panikbremsungen auf ungleichen Fahrbahnoberflächen. Da sich der maximale Bremsdruck am „High"-Rad in relativ kurzer Zeit (750 ms) einstellt, ist die Bremswegverlängerung, verglichen mit Fahrzeugen ohne Giermomentaufbauverzögerung, gering.

System GMA 2

Das System GMA 2 wird bei Fahrzeugen mit besonders kritischem Fahrverhalten eingesetzt. Sobald hier der Bremsdruck am „Low"-Rad abgebaut wird, erfolgt das Ansteuern der ABS-Magnetventile am „High"-Rad mit einer bestimmten Druckhalte- und -abbauzeit (Bild 5, Kurve 4). Der erneute Druckaufbau am „Low"-Rad löst dann einen stufenförmigen Druckaufbau am „High"-Rad aus, wobei die Druckaufbauzeiten um einen bestimmten Faktor länger sind als beim „Low"-Rad. Diese Druckzumessung erfolgt nicht nur im ersten Regelzyklus, sondern während der gesamten Bremsung.

Die Auswirkung des Giermoments auf das Lenkverhalten ist umso kritischer, je größer die Fahrzeuggeschwindigkeit beim Anbremsen ist. Bei der GMA 2 wird die Fahrzeuggeschwindigkeit in vier Bereiche eingeteilt. In diesen sind Giermomentaufbauverzögerungen unterschiedlicher Stärke wirksam. In den Bereichen mit großer Geschwindigkeit werden die Druckaufbauzeiten am „High"-Rad zunehmend verkürzt, während die Druckaufbauzeiten am „Low"-Rad zunehmend verlängert werden, um gerade bei hohen Fahrzeuggeschwindigkeiten einen verlangsamten Aufbau des Giermoments zu erreichen. Bild 5 unten zeigt zusätzlich den für einen Geradeauslauf erforderlichen Verlauf der Lenkwinkel beim Anbremsen sowohl ohne GMA (Kurve 6) als auch mit GMA (Kurve 7).

Ein weiterer wichtiger Gesichtspunkt für die Anwendung der GMA ist das Kurvenbremsverhalten. Bremst der Fahrer bei hoher Geschwindigkeit in der Kurve an, dann bewirkt die GMA eine dynamische Belastung der Vorderachse und eine dynamische Entlastung der Hinterachse. Dadurch nehmen die Seitenkräfte an den Vorderrädern zu und an den Hinterrädern ab. Dies führt zu einem nach der Innenseite der Kurve gerichteten Drehmoment, wodurch das Fahrzeug die Bahnkurve schleudernd nach innen verlässt und durch Gegenlenken nur sehr schwer beherrschbar ist (Bild 6a).

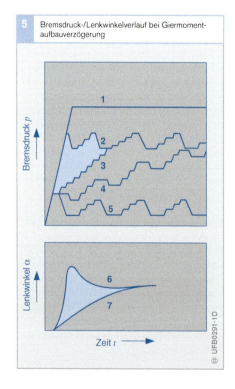

Bild 5
1 Druck p_{Hz} im Hauptzylinder
2 Bremsdruck p_{high} ohne GMA
3 Bremsdruck p_{high} mit GMA 1
4 Bremsdruck p_{high} mit GMA 2
5 Bremsdruck p_{low}
6 Lenkwinkel α ohne GMA
7 Lenkwinkel α mit GMA

Um diesen kritischen Bremszustand zu vermeiden, enthält die GMA zusätzlich eine Berücksichtigung der Querbeschleunigung, die die GMA bei zunehmend starker Querbeschleunigung unwirksam werden lässt. Dadurch baut sich während des Anbremsens in der Kurve am äußeren Vorderrad eine große Bremskraft auf, die ein nach der Außenseite der Kurve gerichtetes Drehmoment bewirkt. Dieses Drehmoment gleicht das nach innen gerichtete Drehmoment der Seitenkräfte aus, sodass das Fahrzeug leicht untersteuert und damit gut beherrschbar bleibt (Bild 6b).

Die ideale Giermomentaufbauverzögerung ist ein Kompromiss zwischen gutem Lenkverhalten und angemessen kurzem Bremsweg; sie wird in Zusammenarbeit zwischen Bosch und den Fahrzeugherstellern für den jeweiligen Fahrzeugtyp ermittelt.

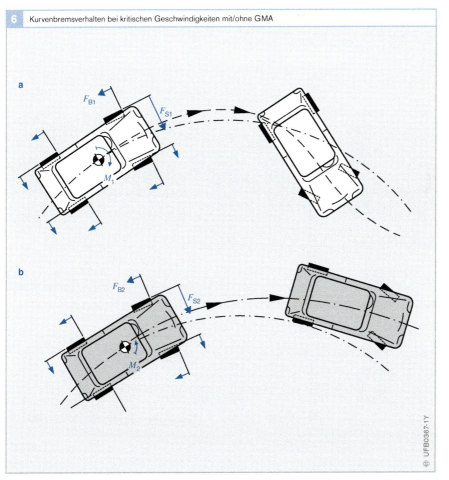

Bild 6
a GMA eingeschaltet (keine Individualregelung): Fahrzeug übersteuert
b GMA ausgeschaltet (Individualregelung): Fahrzeug leicht untersteuert
F_B Bremskraft
F_S Seitenkraft
M Drehmoment

6 Kurvenbremsverhalten bei kritischen Geschwindigkeiten mit/ohne GMA

Bremsregelung für Allradantrieb

Die wichtigsten Kriterien für die Beurteilung der verschiedenen Allradantriebe (Bild 7) sind Traktion, Fahrdynamik und Bremsverhalten. Sobald die Differenzialsperren eingelegt sind, entstehen für die ABS-Bremsregelung Bedingungen, die bestimmte Zusatzmaßnahmen beim ABS erfordern.

Bei gesperrtem Hinterachsdifferenzial sind die Hinterräder stets gekoppelt, d. h. sie laufen mit derselben Drehzahl und verhalten sich bezüglich der beiden Bremsmomente (an den beiden Rädern) und der beiden Fahrbahnreibmomente (zwischen den beiden Rädern und der entsprechenden Fahrbahnoberfläche) wie ein starrer Körper. Die sonst vorgegebene Betriebsart „Select-low" an der Hinterachse (das Rad mit der kleineren Haftreibungszahl μ_{HF} bestimmt den gemeinsamen Bremsdruck beider Hinterräder) ist damit aufgehoben, und beide Hinterräder nutzen die Bremskräfte voll aus. Sobald die Längssperre eingeschaltet ist, erzwingt das System eine Übereinstimmung der gemittelten Drehzahl von beiden Vorder- und beiden Hinterrädern. Alle Räder sind dann dynamisch miteinander gekoppelt, und das Motorschleppmoment (Motorbremswirkung beim Gaswegnehmen) und die Motorträgheit wirken auf alle Räder ein.

Um die optimale ABS-Funktion auch bei diesen Bedingungen zu sichern, sind je nach Allradsystem (Bild 7) zusätzliche Vorkehrungen zu treffen:

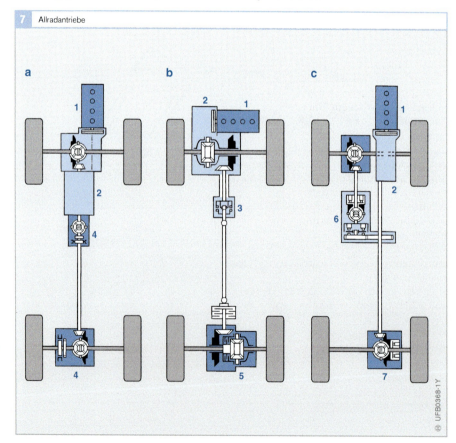

Bild 7
a Allradsystem 1
b Allradsystem 2
c Allradsystem 3

1 Motor
2 Getriebe
3 Freilauf und Visco-Kupplung

Ausgleichsgetriebe mit:
4 manuell schaltbarer Sperre oder Viskose-Sperre
5 prozentualer Sperre
6 automatischer Kupplung und automatischer Sperre
7 automatischer Sperre

Allradsystem 1

Beim Allradsystem 1 mit manuell schaltbaren Sperren oder permanent wirkenden Sperren (Viskose-Sperren) im Längsstrang und der Hinterachse sind die Hinterräder starr gekoppelt und die mittlere Drehzahl der Vorderräder ist dieselbe wie die der Hinterräder. Wie bereits erwähnt, bewirkt die Hinterachssperre, dass die „Select-low"-Betriebsart an den Hinterrädern nicht mehr wirksam ist, sondern dass an jedem Hinterrad die maximale Bremskraft ausgenutzt wird. Beim Bremsen auf ungleichen Fahrbahnoberflächen hat diese Bremskraftdifferenz an den Hinterrädern ein Giermoment zur Folge, das die Fahrstabilität in kritischer Weise beeinträchtigt. Wenn die maximale Bremskraftdifferenz auch an den Vorderrädern schnell aufgebaut würde, wäre es nicht möglich, das Fahrzeug stabil auf Kurs zu halten.

Dieser Vierradantrieb erfordert eine GMA an den Vorderrädern, um Fahrstabilität und Lenkbarkeit bei stark unterschiedlichen Fahrbahnverhältnissen an den rechten und linken Rädern zu sichern. Um die ABS-Funktionen auf glatter Fahrbahn aufrecht zu erhalten, muss das Motorschleppmoment, das bei Allradantrieb ja auf alle Räder wirkt, verringert werden. Dies geschieht durch eine Motorschleppmomentregelung, die gerade so viel Gas gibt, dass die zu starke Motorbremswirkung aufgehoben wird.

Auch die durch die wirksame Motorträgheit reduzierte Empfindlichkeit der Räder bei Änderungen der Fahrbahn-Reibmomente auf glatter Fahrbahn muss durch eine Verfeinerung der Bremsregelung ausgeglichen werden, um das Blockieren der Räder zu verhindern. Die dynamische Kopplung aller Räder mit der trägen Motormasse erfordert deshalb zusätzliche Differenzierungen bei der Signalaufbereitung und Logik des elektronischen Steuergeräts. Eine Berechnung der Fahrzeuglängsverzögerung macht es möglich, glatte Fahrbahnen mit μ_{HF} kleiner als 0,3 zu erkennen.

Bei der Auswertung einer Bremsung auf solchen Fahrbahnen wird die Ansprechschwelle ($-a$) der Radumfangsverzögerung halbiert und der kleiner werdende Anstieg der Referenzgeschwindigkeit auf bestimmte, verhältnismäßig kleine Werte beschränkt. Dadurch lässt sich die Blockierneigung der Räder frühzeitig und „feinfühlig" erfassen.

Bei allradangetriebenen Fahrzeugen kommt es beim „kräftigen Gasgeben" auf glatter Fahrbahn vor, dass alle Räder durchdrehen. In dieser Situation wird durch spezielle Maßnahmen in der Signalaufbereitung sichergestellt, dass die Referenzgeschwindigkeit nur entsprechend der maximal möglichen Fahrzeugbeschleunigung den durchdrehenden Rädern folgen kann. Bei einem sich anschließenden Bremsvorgang wird der erste ABS-Druckabbau durch ein Signal ($-a$) und eine bestimmte kleine Radgeschwindigkeitsdifferenz ausgelöst.

Allradsystem 2

Wegen der Möglichkeit des Durchdrehens aller Räder beim Allradsystem 2 (Visco-Kupplung mit Freilauf im Längsstrang, prozentuale Hinterachssperre) müssen die gleichen speziellen Maßnahmen für die Signalaufbereitung getroffen werden.

Weitere Maßnahmen zur Sicherung der ABS-Funktion sind nicht erforderlich, denn ein Freilauf entkoppelt die Räder beim Bremsen. Sie lässt sich jedoch durch die Motorschleppmomentregelung zusätzlich noch verbessern.

Allradsystem 3

Auch beim Allradsystem 3 (automatisch zuschaltbare Sperren) sind für den Fall des Durchdrehens aller Räder die oben genannten Maßnahmen für die Signalaufbereitung erforderlich. Hinzu kommt ein automatisches Lösen der Differenzialsperren bei jedem Bremsbeginn. Weitere Maßnahmen zur Sicherung der ABS-Funktion sind nicht erforderlich.

Antriebsschlupfregelung ASR

Kritische Fahrsituationen können nicht nur beim Bremsen, sondern allgemein in allen Fällen auftreten, in denen große Längskräfte an der Kontaktfläche zwischen Reifen und Untergrund abgesetzt werden sollen. Der Grund dafür ist, dass hierdurch die absetzbaren Seitenkräfte reduziert werden. Dies trifft also auch auf das Anfahren und Beschleunigen, insbesondere auf glatter Fahrbahn, am Berg und bei Kurvenfahrt zu. Solche Situationen können den Autofahrer überfordern und zu Fehlreaktionen sowie instabilem Fahrzeugverhalten führen. Diese Probleme löst die Antriebsschlupfregelung (ASR), sofern die physikalischen Grenzen nicht überschritten werden.

Aufgaben

Während das Antiblockiersystem (ABS) das Blockieren der Räder im Bremsfall durch Absenken der Radbremsdrücke verhindert, verhindert ASR im Antriebsfall das Durchdrehen der Räder durch Reduktion des wirksamen Antriebsmoments an jedem einzelnen Antriebsrad. ASR stellt damit eine konsequente Erweiterung des ABS für den Antriebsfall dar.

Neben dieser sicherheitsrelevanten Aufgabe, beim Beschleunigen Stabilität und Lenkfähigkeit des Fahrzeugs zu gewährleisten, sorgt die ASR außerdem für eine Verbesserung des Traktionsverhaltens durch Einregeln des „optimalen" Schlupfes (vgl. μ-Schlupf-Kurve in Kapitel „Grundlagen der Fahrphysik"). Naturgemäß stellt die Traktionsanforderung des Fahrers hierfür eine obere Grenze dar.

Funktionsbeschreibung

Soweit nicht ausdrücklich anders angegeben, gelten alle folgenden Ausführungen zunächst für ein einachsgetriebenes Fahrzeug (Bild 1). Dabei spielt es keine Rolle, ob es sich hierbei um ein vorder- oder hinterradgetriebenes Fahrzeug handelt.

Antriebsschlupf und seine Entstehung

Wenn der Fahrer im eingekuppelten Zustand Gas gibt, steigt das Motordrehmoment. Damit erhöht sich auch das antreibende Kardanmoment M_{Kar}. Durch das Querdifferenzial wird dieses im Verhältnis 50:50 auf die beiden angetriebenen Räder verteilt (Bild 1). Kann sich dieses erhöhte Moment auf dem Fahrbahnbelag vollständig „abstützen", so lässt sich das Fahrzeug ungehindert beschleunigen. Übersteigt aber das Antriebsdrehmoment $M_{Kar}/2$ an einem An-

Bild 1
1 Motor mit Getriebe
2 Rad
3 Radbremse
4 Querdifferenzial
5 Steuergerät mit ASR-Funktionalität

Motor, Getriebe, Übersetzungsverhältnis des Differenzials sowie deren Verluste sind zu einer Einheit zusammengefasst

M_{Kar} antreibendes Kardanmoment
v_{Kar} Kardangeschwindigkeit
M_{Br} Bremsmoment
M_{Str} auf die Straße übertragenes Moment
v Radgeschwindigkeit
R rechts
L links
V vorne
H hinten

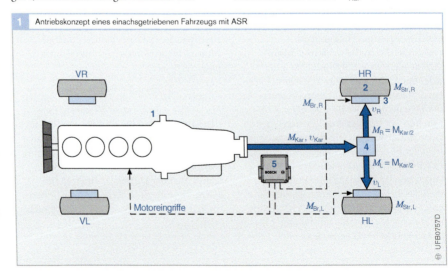

1 Antriebskonzept eines einachsgetriebenen Fahrzeugs mit ASR

triebsrad das physikalisch maximal übertragbare Antriebsdrehmoment, so dreht dieses Rad durch. Dadurch reduziert sich die übertragbare Antriebskraft und das Fahrzeug wird durch den Verlust an Seitenführungskraft instabil.

Die ASR regelt den Schlupf der Antriebsräder schnellstmöglich auf den optimalen Wert. Hierzu wird zunächst ein Sollwert für den Schlupf bestimmt. Dieser ist von einer Vielzahl an Faktoren, die die aktuelle Fahrsituation bestmöglich repräsentieren sollen, abhängig. Unter anderem sind dies:
- Grundkennlinie für den ASR-Sollschlupf (orientiert sich am Schlupfbedarf eines Reifens beim Beschleunigen),
- ausgenutzter Reibwert,
- äußerer Fahrwiderstand (Tiefschnee, Schlechtweg usw.),
- Giergeschwindigkeit, Querbeschleunigung und Lenkwinkel des Fahrzeugs.

ASR-Stelleingriffe

Die gemessenen Radgeschwindigkeiten und damit der jeweilige Antriebsschlupf können durch eine Änderung der Momentenbilanz M_{Ges} an jedem Antriebsrad beeinflusst werden. Die Momentenbilanz M_{Ges} an jedem angetriebenen Rad ergibt sich dabei aus Antriebsmoment $M_{Kar}/2$ an diesem Rad, dem jeweiligen Bremsmoment M_{Br} und dem Straßenmoment M_{Str} (Bild 1).

$$M_{Ges} = M_{Kar}/2 + M_{Br} + M_{Str}$$
(M_{Br} und M_{Str} sind hierin negativ zu zählen.)

Offensichtlich kann diese Bilanz durch das vom Motor gelieferte Antriebsmoment M_{Kar} sowie durch das Bremsmoment M_{Br} beeinflusst werden. Diese beiden Größen stellen somit die Stellgrößen der ASR dar, über die diese den Schlupf an jedem einzelnen Rad auf den Sollschlupf regelt.
Die Steuerung des Antriebsmoments M_{Kar} kann bei Fahrzeugen mit Ottomotor grundsätzlich über die folgenden Motoreingriffe geschehen:

- Drosselklappe (Drosselklappenverstellung),
- Zündanlage (Zündwinkelverstellung),
- Einspritzanlage (Ausblendung einzelner Einspritzimpulse).

Die letzteren beiden Eingriffe zählen zu den „schnellen", der erste zu den „langsamen" Eingriffsmöglichkeiten (Bild 2). Welche dieser Eingriffsmöglichkeiten jeweils zur Verfügung stehen, ist hersteller- und motorabhängig.

Bei Fahrzeugen mit Dieselmotor wird das Antriebsmoment M_{Kar} von der Elektronischen Dieselregelung (EDC) beeinflusst (Reduzierung der Einspritzmenge).

Eine Steuerung des Bremsmoments M_{Br} über die Bremsanlage kann radweise erfolgen. Wegen der Notwendigkeit des aktiven Druckaufbaus setzt die ASR-Funktion aber eine Erweiterung der ursprünglichen ABS-Hydraulik voraus (siehe auch Kapitel „Hydroaggregat").

Bild 2 vergleicht die Reaktionszeiten bei verschiedenen ASR-Eingriffen. Die Darstellung lässt erkennen, dass eine ausschließliche Steuerung des Antriebsmoments mit der Drosselklappe wegen der relativ langsamen Reaktionszeit zu einem unbefriedigenden Ergebnis führen kann.

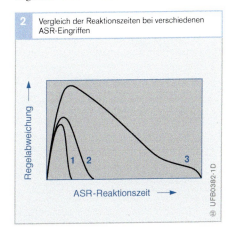

Bild 2
1 Drosselklappen-/Radbremseneingriff
2 Drosselklappen-/Zündungseingriff
3 Drosselklappeneingriff

Struktur der ASR

Die erweiterte ABS-Hydraulik ermöglicht sowohl symmetrische Bremseingriffe, d. h. Bremseingriffe, die an beiden angetriebenen Rädern gleich sind, als auch radindividuelle Bremseingriffe. Dies ist der Schlüssel zu einer weiteren Strukturierung der ASR, nicht nach Stellglied (Motor/Bremse), sondern nach zu regelnder Größe („Regelgröße").

Kardanregler

Über Motoreingriffe kann die Kardangeschwindigkeit v_{Kar} bzw. das Antriebsmoment M_{Kar} beeinflusst werden. Symmetrische Bremseingriffe beeinflussen ebenfalls die Kardangeschwindigkeit v_{Kar} und wirken sich in den Momentenbilanzen der einzelnen Räder wie eine Reduzierung des Antriebsmoments M_{Kar} aus. Mit dem Ziel, auf diese Weise die Kardangeschwindigkeit zu regeln, ergibt sich der *Kardanregler*.

Quersperrenregler

Über unsymmetrische Bremseingriffe (Bremseingriffe an nur einem angetriebenen Rad) wird hingegen primär die Differenzgeschwindigkeit an der angetriebenen Achse $v_{Dif} = v_L - v_R$ geregelt. Dies ist die Aufgabe des *Differenzdrehzahlreglers*. Unsymmetrische Bremseingriffe an nur einem Antriebsrad machen sich zunächst auch nur in der Momentenbilanz dieses Rades bemerkbar. Sie wirken sich primär genau so aus wie ein unsymmetrisches Aufteilungsverhältnis des Querdifferenzials (allerdings angewendet auf ein um das unsymmetrische Bremsmoment reduziertes Antriebsmoment M_{Kar}). Wegen dieser Möglichkeit, mit dem Differenzdrehzahlregler gewissermaßen das Aufteilungsverhältnis des Querdifferenzials zu beeinflussen, d. h. die Wirkung einer Differenzialsperre nachzubilden, wird der Differenzdrehzahlregler auch als *Quersperrenregler* bezeichnet.

Kardanregler und Quersperrenregler bilden zusammen die ASR (Bild 3): Der Kardanregler regelt über die Kardangeschwindigkeit v_{Kar} das vom Motor abgegebene Antriebsmoments M_{Kar}. Der Quersperrenregler wirkt primär wie ein Regler, der über die Differenzgeschwindigkeit v_{Dif} das Teilungsverhältnis M_L zu M_R des Querdifferenzials und damit die Aufteilung des Antriebsmoments M_{Kar} auf die angetriebenen Räder regelt.

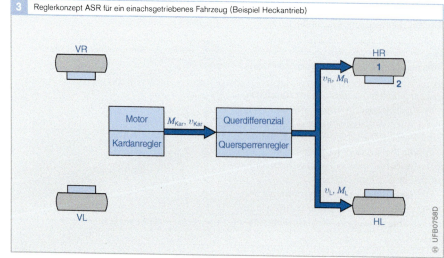

Bild 3 Reglerkonzept ASR für ein einachsgetriebenes Fahrzeug (Beispiel Heckantrieb)

Bild 3
1 Rad
2 Radbremse

v_R, v_L Radgeschwindigkeiten
v_{Kar} Kardangeschwindigkeit
M_{Kar} antreibendes Kardanmoment
V vorne
H hinten
R rechts
L links

Typische Regelsituationen

µ-Split: Quersperrenregler

Bild 4 zeigt eine typische Situation („μ-Split"), bei der der Quersperrenregler der ASR beim Anfahren aus dem Stand aktiv wird. Die linke Fahrzeugseite steht auf glattem Untergrund mit einer niedrigen Haftreibungszahl μ_l („l" für low), die rechte auf trockenem Asphalt mit einer deutlich höheren Haftreibungszahl μ_h („h" für high).

Ohne den Bremseingriff des Quersperrenreglers könnte wegen der Eigenschaft des Differenzials, das Antriebsmoment auf beide Seiten gleich aufzuteilen, auf beiden Seiten nur die Vortriebskraft F_l abgesetzt werden. Ein gegebenenfalls darüber hinaus gehendes Antriebsmoment M_{Kar} veranlasst das Rad auf der Seite mit μ_l durchzudrehen und führt damit zu einer Differenzgeschwindigkeit $v_{Dif} > 0$ (siehe auch Bild 5). Das „überschüssige" Antriebsmoment geht in diesem Fall als Verlustmoment in Differenzial, Motor und Getriebe verloren.

Um nun das Rad auf der Seite mit μ_l bei zu hohem Antriebsmoment am Durchdrehen zu hindern, wird dort die Bremskraft F_{Br} aufgebracht (Bild 4, siehe auch Bild 5). Auf diese Seite kann das Differenzial nun die Kraft $F_{Br} + F_l$ übertragen (bzw. ein dieser Kraft entsprechendes Moment), wobei F_{Br} weggebremst wird. Es verbleibt wie bisher die Vortriebskraft F_l. Auf die Seite mit μ_h wird ebenfalls die Kraft $F_{Br} + F_l$ übertragen (Eigenschaft des Differenzials). Da hier nicht gebremst wird, kann die gesamte Kraft als Vortriebskraft $F_{Br}^* + F_l$ genutzt werden (F_{Br}^* ergibt sich aus F_{Br} unter Berücksichtigung der unterschiedlichen Wirkradien). Insgesamt erhöht sich also die abgesetzte Vortriebskraft um F_{Br}^* (Voraussetzung hierfür ist natürlich ein entsprechend erhöhtes Antriebsmoment M_{Kar}). Hierin zeigt sich die traktionserhöhende Wirkung des Quersperrenreglers als Teil der ASR.

Das Antriebsmoment kann auf eine maximal mögliche Vortriebskraft eingeregelt werden. Der Wert von μ_h stellt dabei eine physikalische Obergrenze dar.

Laufen beide Antriebsräder wieder synchron ($v_{Dif} = 0$), wird die einseitige Bremskraft F_{Br} bzw. das entsprechende Bremsmoment M_{Br} wieder abgebaut (Bild 5).

Der exakte Verlauf des Auf- und Abbaus von M_{Br} hängt von der internen Realisierung des Quersperrenreglers ab (PI-Regler-artiges Verhalten!).

Niedrig-µ: Kardanregler

Stehen beim Anfahren beide angetriebenen Räder auf glattem Untergrund mit einer niedrigen Haftreibungszahl (Fahrzeug steht z. B. auf Eis), so ist dies eine typische Situation, in der der Kardanregler der ASR aktiv wird.

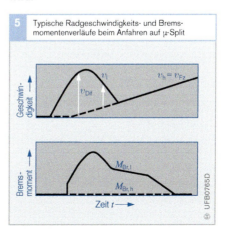

Bild 4
M_{Kar} Antriebsmoment
F_{Br} Bremskraft
F_{Br}^* Bremskraft, bezogen auf Wirkradien
μ_l niedrige Haftreibungszahl
μ_h hohe Haftreibungszahl
F_l übertragbare Antriebskraft auf μ_l
F_h übertragbare Antriebskraft auf μ_h

Bild 5
v Radgeschwindigkeit
M_{Br} Bremsmoment
l Niedrig-µ-Rad
h Hoch-µ-Rad
v_{Fz} Fahrzeuggeschwindigkeit
v_{Dif} Differenzgeschwindigkeit

4 Sperrdifferenzialwirkung durch unsymmetrischen Bremseingriff

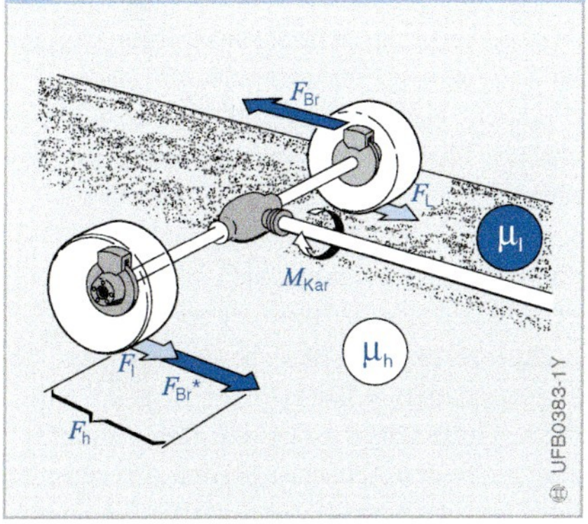

5 Typische Radgeschwindigkeits- und Bremsmomentenverläufe beim Anfahren auf µ-Split

Erhöht der Fahrer das Fahrervorgabemoment $M_{FahVorga}$, so erhöht sich zunächst auch fast zeitgleich das Antriebsmoment M_{Kar}. Dies führt dazu, dass beide Antriebsräder mit nahezu gleicher Geschwindigkeit durchdrehen. Die Differenzgeschwindigkeit $v_{Dif} = v_L - v_R$ ist ungefähr 0, während die Kardangeschwindigkeit $v_{Kar} = (v_L + v_R)/2 = v_L = v_R$ auf Grund der durchdrehenden Antriebsräder deutlich größer ist als ein vernünftiger, von der ASR ermittelter Sollwert v_{SoKar}. Der Kardanregler reagiert hierauf mit einer Reduzierung des Antriebsmomentes M_{Kar} unterhalb der Fahrervorgabe $M_{FahVorga}$ und einem kurzzeitigen symmetrischen Bremseingriff $M_{Br, Sym}$ (Bild 6). Als Resultat verringert sich die Kardangeschwindigkeit v_{Kar} und mit ihr die Geschwindigkeit der durchdrehenden Räder. Das Fahrzeug beginnt zu beschleunigen. Da man sich ohne diese Eingriffe der ASR nicht im „optimalen" Punkt der μ-Schlupf-Kurve (vgl. Kapitel „Grundlagen der Fahrphysik") befände, würde der Beschleunigungsvorgang bei durchdrehenden Rädern langsamer und mit deutlich weniger Seitenstabilität stattfinden.

Der exakte Verlauf von M_{Kar} und $M_{Br, Sym}$ hängt wiederum von der internen Realisierung des Kardanreglers ab (PID-Reglerartiges Verhalten!).

ASR für allradgetriebene Fahrzeuge

In den letzten Jahren erfreut sich die Gruppe der allradgetriebenen Fahrzeuge einer stetig steigenden Beliebtheit. Das Hauptaugenmerk liegt dabei auf der Teilgruppe der „Sport Utility Vehicle" (SUV). Hierbei handelt es sich um Straßenfahrzeuge mit Geländeeigenschaften.

Sollen alle vier Räder eines Fahrzeugs angetrieben werden, ist außer einem zweiten Querdifferenzial zusätzlich noch ein Längsdifferenzial (auch Zentral- oder Mittendifferenzial) erforderlich bzw. üblich (Bild 7). Dieses dient zum einen dem Ausgleich von Differenzen zwischen der Kardangeschwindigkeit der Vorder- und der Hinterachse $v_{Kar, VA}$ bzw. $v_{Kar, HA}$. Eine starre Verbindung hätte hier Verspannungen zwischen Vorder- und Hinterachse zur Folge. Zum anderen dient das Längsdifferenzial einer möglichst sinnvollen Verteilung des Antriebsmomentes M_{Kar} auf die beiden Achsen $M_{Kar, VA}$ bzw. $M_{Kar, HA}$.

Kostengünstige SUVs besitzen häufig ein Längsdifferenzial mit einem fest eingestellten Aufteilungsverhältnis. Anders als bei einem Querdifferenzial sind hier jedoch auch andere feste Teilungsverhältnisse als 50 : 50 sinnvoll – z. B. 60 : 40 für eine heckbetonte Auslegung. Durch Bremseingriffe der ASR kann dann die Wirkungsweise einer Längsdifferenzialsperre (kurz: Längssperre) nachgebildet werden.

Durch „Wegbremsen" eines Teils von $M_{Kar, VA}$ kann das Teilungsverhältnis $M_{Kar, HA}$ zu $M_{Kar, VA}$ vergrößert bzw. durch „Wegbremsen" eines Teils von $M_{Kar, HA}$ verkleinert werden. Der Wirkungsmechanismus ist derselbe, wie er zuvor für den Fall der Quersperre bzw. des Querdifferenzials beschrieben wurde. Der Unterschied besteht lediglich darin, dass die Bremsmomente der ASR nicht unsymmetrisch, d. h. an einem Rad der angetriebenen Achse erfolgen müssen, sondern symmetrisch an beiden Rädern einer angetriebenen Achse. Außerdem betrachtet der Längssperrenregler hierzu als Eingangs-

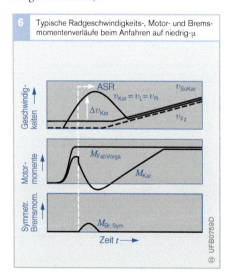

Bild 6 Typische Radgeschwindigkeits-, Motor- und Bremsmomentenverläufe beim Anfahren auf niedrig-μ

Bild 6
v Radgeschwindigkeit
v_{Fz} Fahrzeuggeschwindigkeit
v_{Kar} Kardangeschwindigkeit
v_{SoKar} Sollwert Kardangeschwindigkeit
$M_{Br, Sym}$ symmetrisches Bremsmoment
$M_{FahVorga}$ Antriebsmoment Fahrervorgabe (durch Gaspedalstellung)
L links
R rechts

größe nicht die Geschwindigkeitsdifferenz des linken und rechten Rades der angetriebenen Achse (Quersperrenregler, s. o.), sondern die beiden achsweisen Kardangeschwindigkeiten $v_{Kar, VA}$ und $v_{Kar, HA}$.

Bild 8 zeigt die entsprechende Erweiterung des ASR-Konzepts aus Bild 3 für ein allradgetriebenes Fahrzeug: Der Kardanregler regelt – wie für ein einachsgetriebenes Fahrzeug – über die Kardangeschwindigkeit v_{Kar} das vom Motor abgegebene Antriebsmoment M_{Kar}. Wie bereits ausgeführt, verteilt der Längssperrenregler dieses Moment auf die Vorder- und Hinterachse ($M_{Kar, VA}$ bzw. $M_{Kar, HA}$). Wie bisher regelt der Quersperrenregler über die Differenzgeschwindigkeit $v_{Dif, XA}$ die Aufteilung des achsweisen Antriebsmoments $M_{Kar, XA}$ auf die angetriebenen Räder. Dies muss jetzt allerdings sowohl für die Vorder- wie auch die Hinterachse erfolgen („X" = „V" bzw. „X" = „H").

Elektronische Differenzialsperren, die als Teil der ASR-Software realisiert sind, besitzen den Vorteil, dass sie keine zusätzliche Hardware erfordern. Sie sind daher sehr

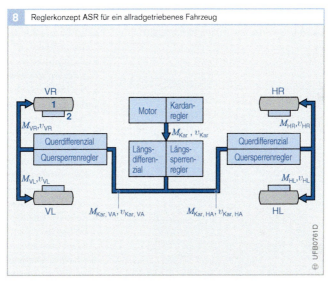

Bild 8
1 Rad
2 Radbremse

v Radgeschwindigkeit
v_{Kar} Kardangeschwindigkeit
M_{Kar} antreibendes Kardanmoment
A Achse
V vorne
H hinten
R rechts
L links

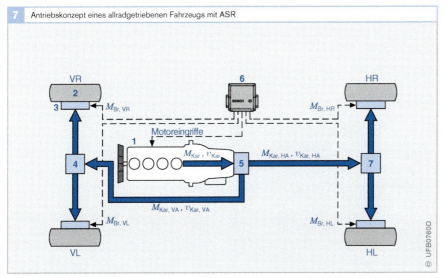

Bild 7
1 Motor mit Getriebe
2 Rad
3 Radbremse
4 Querdifferenzial
5 Längsdifferenzial
6 Steuergerät mit ASR-Funktionalität
7 Querdifferenzial

Motor, Getriebe, Übersetzungsverhältnisse der Differenziale sowie deren Verluste sind zu einer Einheit zusammengefasst
v Radgeschwindigkeit
v_{Kar} Kardangeschwindigkeit
M_{Kar} antreibendes Kardanmoment
M_{Br} Bremsmoment
R rechts
L links
V vorne
H hinten
A Achse

kostengünstig. Ihr Einsatzgebiet ist insbesondere der Straßenbetrieb, der eher die Bestimmung der SUVs ist. Beim Einsatz in klassischen Offroad-Geländewagen erreichen sie ihre Grenze im schweren Gelände spätestens dann, wenn sich die Bremsen überhitzen. Fahrzeuge für diesen Einsatzbereich besitzen daher oft mechanische Sperren (Beispiele zeigen die Bilder 9 und 10). Die entsprechenden Sperrenregler der ASR-Software dienen dann nur noch als Backup-System, das in den Normalbetrieb nicht eingreift.

Zusammenfassung: Vorteile ASR

Abschließend seien noch einmal die Vorteile, wie sie sich bei Verwendung einer ASR durch das Verhindern des Durchdrehens der Antriebsräder beim Anfahren oder Beschleunigen auf einseitig oder beidseitig glatter Fahrbahn, beim Beschleunigen in der Kurve und beim Anfahren am Berg ergeben, zusammengefasst:
- Vermeidung instabiler Fahrzustände und dadurch Erhöhung der Fahrsicherheit.
- Erhöhung der Traktion durch Einregeln des „optimalen" Schlupfes.
- Nachbildung der Funktion einer Querdifferenzialsperre.
- Nachbildung der Funktion einer Längsdifferenzialsperre bei allradgetriebenen Fahrzeugen.
- Automatische Regelung der Motorleistung.
- Kein „Radieren" der Reifen bei enger Kurvenfahrt (im Gegensatz zu mechanischen Differenzialsperren).
- Reduzierung des Reifenverschleißes.
- Reduzierung des Verschleißes der Antriebsmechanik (Getriebe, Differenzial usw.) besonders auf μ-Split oder wenn ein durchdrehendes Rad schlagartig auf griffigen Untergrund kommt.
- Warnung des Fahrers bei den im physikalischen Grenzbereich liegenden Situationen über eine Kontrollleuchte.
- Sinnvolle Doppelnutzung von bereits vorhandenen ABS-Hydraulik-Komponenten.
- Übernahme von Aufgaben der ESP-Fahrdynamikregelung als unterlagerter Radregler (Kapitel „Gesamtregelkreis").

9 Klassische Lösung einer Differenzialsperre

10 Elektronisch regelbare Differenzialsperre (Haldex-Kupplung)

Bild 10
1 Ausgangswelle
2 Arbeitskolben
3 Lamellen
4 Axialkolbenpumpe
5 Regelventil
6 Eingangswelle

Grundlagen der Regelungstechnik

Viele Teilsysteme eines Fahrsicherheitssystems (z. B. ESP) wirken auf die Fahrdynamik des Fahrzeugs in Form eines Reglers, d. h., sie bilden zusammen mit den betroffenen Komponenten des Fahrzeugs einen Regelkreis.

Regelkreis

Ein einfacher Standardregelkreis besteht aus Regler und Regelstrecke. Ziel der Regelung ist es, den Verlauf der Ausgangsgröße y_{ist} des zu regelnden Systems (auch: Regelgröße) durch den Regler so zu beeinflussen, dass er einem vorzugebenden Sollgrößenverlauf y_{soll} möglichst gut folgt. Hierzu wird die Regelgröße gemessen und dem Regler zur Verfügung gestellt. Durch Bilden der Regelabweichung $e = y_{soll} - y_{ist}$ wird der aktuelle Istwert der Regelgröße ständig mit dem aktuellen Sollwert verglichen.

Die Hauptaufgabe des Reglers besteht darin, zu jeder Regelabweichung e einen passenden Wert für die Stellgröße u zu bestimmen, sodass die Regelabweichung hierdurch in der Folgezeit verkleinert wird, d. h., $y_{ist} = y_{soll}$ wenigstens annähernd erreicht wird.

Erschwert wird diese Aufgabe durch eine ggf. unbekannte Eigendynamik der Regelstrecke sowie äußere Störungen z, die ebenfalls auf die Regelstrecke einwirken.

Beispiel: Quersperrenregler der ASR

Das Funktionsprinzip eines Regelkreises wird anhand des Quersperrenreglers der ASR deutlich: Die Differenzgeschwindigkeit der beiden Räder einer angetriebenen Achse stellt die Regelgröße $y_{ist} = v_{Dif}$ dar. Der Sollwert v_{SoDif} wird von der ASR selbstständig bestimmt und an die aktuelle Fahrsituation angepasst. Bei normaler Geradeausfahrt ist er typischerweise 0. Als Stellgröße zur Beeinflussung der Regelgröße dient das unsymmetrische Bremsmoment. Die Regelstrecke ist das Fahrzeug selbst, auf das äußere Störungen wie z. B. wechselnde Fahrbahnbeläge wirken.

▶ Standardregelkreis am Beispiel des Quersperrenreglers der ASR

y_{ist} Regelgröße
y_{soll} Führungsgröße
e Regelabweichung
  $y_{soll} - y_{ist}$
u Stellgröße
z äußere Störgrößen

Standardregler

Als Regler kommen häufig **P**roportional-, **I**ntegral- und **D**ifferenzial-Glieder zum Einsatz. Die Stellgröße u ergibt sich aus der anstehenden Regelabweichung e nach folgendem Schema:

P-Regler	Multiplikation	$u(t) = K_P \cdot e(t)$
I-Regler	zeitl. Integration	$u(t) = K_I \cdot \int e(t)dt$
D-Regler	zeitl. Ableitung	$u(t) = K_D \cdot de(t)/dt$

Die Gegenreaktion dieser Regler ist damit umso größer, je größer die Regelabweichung ist (P-Regler), je länger diese Regelabweichung andauert (I-Regler) bzw. je größer die Änderungstendenz der Regelabweichung ist (D-Regler). Durch additive Kombination dieser Grundregler entstehen PI-, PD- sowie PID-Regler.

Der Quersperrenregler der ASR ist als PI-Regler aufgebaut, der nichtlineare Erweiterungen enthält.

Elektronisches Stabilitäts-Programm ESP

Ein hoher Anteil von Unfällen im Straßenverkehr ist auf personenbezogenes Fehlverhalten zurückzuführen. Durch äußere Umstände – wie z. B. ein plötzlich auftauchendes Hindernis – oder aber aufgrund von überhöhter Geschwindigkeit kann das Fahrzeug in den Grenzbereich gelangen, in dem es sich nicht mehr sicher beherrschen lässt. Die auf das Fahrzeug wirkenden Querbeschleunigungskräfte erreichen Werte, die den Fahrer überfordern. Elektronische Systeme können hier einen großen Beitrag zur Fahrsicherheit leisten.

Das Elektronische Stabilitäts-Programm (ESP) ist ein Regelsystem zur Verbesserung des Fahrverhaltens, das einerseits in das Bremssystem und andererseits in den Antriebsstrang eingreift. Durch die integrierte Funktionalität des ABS können die Räder beim Bremsen nicht blockieren, durch ASR können die Räder beim Anfahren nicht durchdrehen. ESP als Gesamtsystem verhindert darüber hinaus, dass das Fahrzeug beim Lenken „schiebt" oder instabil wird und seitlich ausbricht, solange die physikalischen Grenzen nicht überschritten werden.

Anforderungen

ESP verbessert die Fahrsicherheit in folgenden Punkten:
- Erweiterte Fahrstabilität; Spur- und Richtungstreue werden in allen Betriebszuständen wie Vollbremsung, Teilbremsung, Freirollen, Antrieb, Schub und Lastwechsel verbessert.
- Erweiterte Fahrstabilität auch im Grenzbereich, z. B. bei extremen Lenkmanövern (Angst- und Panikreaktionen), und damit Reduzierung der Schleudergefahr.
- In verschiedenen Situationen noch weiter verbesserte Nutzung des Kraftschlusspotenzials bei ABS/ASR-Funktionen und bei MSR-Funktionen (**M**otor**s**chleppmoment**r**egelung; automatische Anhebung der Motordrehzahl bei zu hohem Motorbremsmoment) und dadurch Bremsweg- und Traktionsgewinne sowie verbesserte Lenkbarkeit und Stabilität.

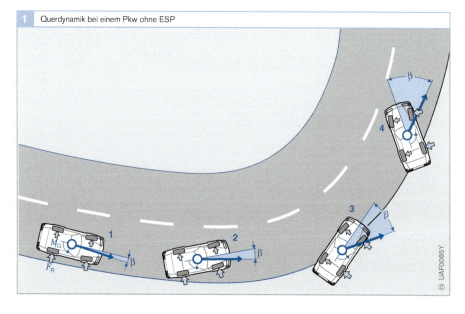

Querdynamik bei einem Pkw ohne ESP

Bild 1
1 Fahrer lenkt, Seitenkraftaufbau
2 drohende Instabilität wegen zu großem Schwimmwinkel
3 Gegenlenken, Pkw gerät außer Kontrolle
4 Pkw ist nicht mehr beherrschbar

M_G Giermoment
F_R Radkräfte
β Fahrtrichtungsabweichung von der Fahrzeuglängsachse (Schwimmwinkel)

Aufgaben und Arbeitsweise

ESP ist ein System, das die Bremsanlage eines Fahrzeugs benutzt, um das Fahrzeug zu „lenken". Die eigentliche Aufgabe der Radbremsen, das Fahrzeug zu verzögern oder zum Stillstand zu bringen, wird durch das ESP noch mit der Funktion ergänzt, das Fahrzeug bei allen Fahrzuständen stabil in der Spur zu halten, soweit es die physikalischen Grenzen zulassen.

Das gezielte Bremsen einzelner Räder, z. B. des kurveninneren Hinterrades bei Untersteuerung oder des kurvenäußeren Vorderrades bei Übersteuerung (Bild 2), trägt dazu bei, dieses Ziel bestmöglich zu erfüllen. Zudem kann ESP die Antriebsräder durch bestimmte Motoreingriffe auch beschleunigen, um so die Stabilität des Fahrzeugs zu gewährleisten.

Mit dieser *Individualregelung* ist ein Fahrzeug dirigierbar, indem einzelne Räder gebremst (selektives Bremsen) oder die Antriebsräder beschleunigt werden. ESP mindert so in kritischen Situationen die Gefahr einer Kollision oder eines Überschlags; ein Abkommen von der Fahrbahn wird innerhalb der physikalischen Grenzen vermieden. Der Autofahrer kann damit gezielt unterstützt und die Sicherheit im Straßenverkehr gesteigert werden.

Zum Vergleich der Fahreigenschaften im Grenzbereich eines Fahrzeugs mit und eines Fahrzeugs ohne ESP sind nachfolgend vier Beispiele aufgeführt. Jedes der dargestellten Fahrmanöver wurde nach vorangegangenen Fahrversuchen mit einem Simulationsprogramm der Wirklichkeit nachempfunden. Weitere Fahrversuche haben die Ergebnisse bestätigt.

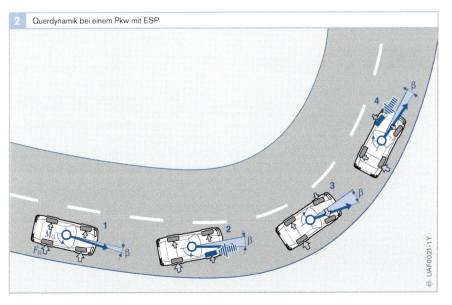

2 Querdynamik bei einem Pkw mit ESP

Bild 2
1 Fahrer lenkt, Seitenkraftaufbau
2 drohende Instabilität, ESP-Eingriff vorne rechts
3 Pkw bleibt unter Kontrolle
4 drohende Instabilität, ESP-Eingriff vorne links, vollständige Stabilisierung

M_G Giermoment
F_R Radkräfte.
β Fahrtrichtungsabweichung von der Fahrzeuglängsachse (Schwimmwinkel)
⬅ Bremskrafterhöhung

Fahrmanöver

Schnelles Lenken und Gegenlenken

Dieses Fahrmanöver ist einem Spurwechsel- oder einem schnellen Lenkmanöver vergleichbar,
- wie es z. B. bei einem zu schnellen Einfahren in eine enge Kurvenfolge auftreten kann,
- wie es vor einem plötzlich auftauchenden Hindernis auf einer Landstraße bei Gegenverkehr eingeleitet werden muss, oder
- wie es bei einem abrupt abgebrochenen Überholmanöver auf der Autobahn durchgeführt werden muss.

Die Bilder 3 und 4 zeigen das Fahrverhalten von zwei Fahrzeugen (mit und ohne ESP) beim Durchfahren einer Rechts-Links-Kurvenkombination mit schnellem Lenken und Gegenlenken
- auf griffiger Fahrbahn (Haftreibungszahl $\mu_{HF} = 1$),
- ohne Bremseingriff des Fahrers,
- mit einer Ausgangsgeschwindigkeit von 144 km/h.

Zunächst verhalten sich beide Fahrzeuge gleich. Sie fahren mit denselben Voraussetzungen auf die Kurvenfolge zu. Die Fahrer beginnen zu lenken (Phase 1).

Fahrzeug ohne ESP

Bereits nach dem ersten ruckartigen Lenkeinschlag droht das Fahrzeug ohne ESP instabil zu werden (Bild 4 links, Phase 2). An den Vorderrädern werden durch den Lenkeinschlag innerhalb kürzester Zeit sehr große Seitenkräfte erzeugt, an den Hinterrädern bauen sie sich dagegen erst verzögert auf. Das Fahrzeug dreht sich rechts um seine Hochachse herum (eindrehendes Giermoment). Auf das Gegenlenken (zweiter Lenkeinschlag, Phase 3) reagiert das ungeregelte Fahrzeug nicht, d. h., es ist nicht mehr beherrschbar. Die Giergeschwindigkeit und der Schwimmwinkel steigen stark an, das Fahrzeug schleudert (Phase 4).

Fahrzeug mit ESP

Das Fahrzeug mit ESP wird bei der drohenden Instabilität (Bild 4 rechts, Phase 2) nach dem ersten Lenkeinschlag durch Bremsen des linken Vorderrades stabilisiert: bei ESP wird dies als aktives Bremsen bezeichnet, da es ohne Einwirkung des Fahrers geschieht. Der Eingriff baut das eindrehende Giermoment ab. Die Giergeschwindigkeit wird reduziert und der Schwimmwinkel begrenzt. Nach dem Gegenlenken wechselt zuerst das Giermoment und dann die Giergeschwindigkeit die Wirkrichtung (Phase 3). Ein weiterer kurzer Bremseingriff in Phase 4 am rechten Vorderrad führt zu einer vollständigen Stabilisierung. Das Fahrzeug folgt der durch den Lenkradwinkel vorgegebenen Fahrspur.

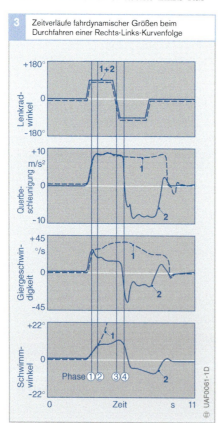

Bild 3
1 Fahrzeug ohne ESP
2 Fahrzeug mit ESP

Elektronisches Stabilitäts-Programm ESP | Fahrmanöver | 31

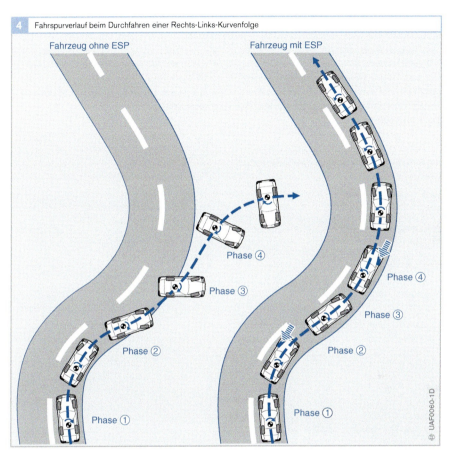

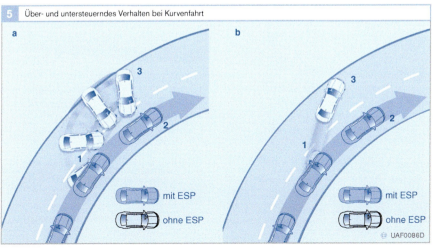

Bild 4
◁▥ Bremskrafterhöhung
① Fahrer lenkt, Seitenkraftaufbau
② drohende Instabilität
rechts: ESP-Eingriff vorne links
③ Gegenlenken
links: Fahrzeug gerät außer Kontrolle
rechts: Fahrzeug bleibt unter Kontrolle
④ links: Fahrzeug nicht mehr beherrschbar
rechts: ESP-Eingriff vorne rechts, vollständige Stabilisierung

Bild 5
a Übersteuerndes Verhalten
1 Das Fahrzeug drängt mit dem Heck nach außen
2 ESP bremst das kurvenäußere Vorderrad ab und reduziert damit die Schleudergefahr
3 Das Fahrzeug ohne ESP schleudert

b Untersteuerndes Verhalten
1 Das Fahrzeug drängt mit der Front nach außen
2 ESP bremst das kurveninnere Hinterrad ab und reduziert damit die Untersteuergefahr
3 Das Fahrzeug ohne ESP verlässt untersteuernd die Fahrbahn

Fahrspurwechsel mit Vollbremsung

Befindet sich das Ende eines Staus hinter einer Kuppe, ist die Gefahrensituation sehr spät zu erkennen. Reicht eine Vollbremsung jetzt nicht mehr aus, um das Fahrzeug rechtzeitig zum Stillstand zu bringen, muss zusätzlich die Fahrspur gewechselt werden, um eine Kollision zu vermeiden.

Die Bilder 6 und 7 zeigen die Ergebnisse eines derartigen Ausweichmanövers zweier Fahrzeuge:

- eines mit dem Antiblockiersystem (ABS) und
- eines mit ESP, wobei beide Fahrzeuge
- mit einer Anfangsgeschwindigkeit von 50 km/h und
- auf glatter Fahrbahn ($\mu_{HF} = 0{,}15$) unterwegs sind.

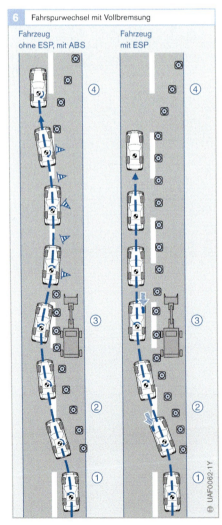

Bild 6
$v_0 = 50$ km/h
$\mu_{HF} = 0{,}15$

◁▭ Bremsschlupferhöhung

Bild 7
$v_0 = 50$ km/h
$\mu_{HF} = 0{,}15$

1 Fahrzeug ohne ESP
2 Fahrzeug mit ESP

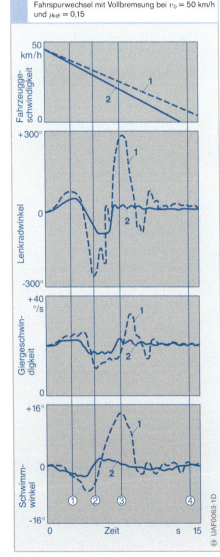

Zeitverläufe fahrdynamischer Größen bei einem Fahrspurwechsel mit Vollbremsung bei $v_0 = 50$ km/h und $\mu_{HF} = 0{,}15$

Fahrzeug mit ABS, aber ohne ESP

Schon nach dem ersten Lenkeinschlag werden Schwimmwinkel und Giergeschwindigkeit so groß, dass der Fahrer beim Bremsen gegenlenken muss (Bild 6, links). Durch diesen Fahrereingriff entsteht ein Schwimmwinkel in die Gegenrichtung (er ändert sein Vorzeichen) und nimmt sehr rasch zu. Der Fahrer ist gezwungen, wieder schnell gegenzulenken. Es gelingt ihm gerade noch, das Fahrzeug zu stabilisieren und auf der Fahrbahn zum Stehen zu bringen.

Fahrzeug mit ESP

Das mit ESP geregelte Fahrzeug bleibt stabil, da die Giergeschwindigkeit und der Schwimmwinkel auf leicht beherrschbare Werte reduziert werden. Der Fahrer kann sich ganz auf seine eigentliche Lenkaufgabe konzentrieren, weil er nicht durch ein instabiles Fahrverhalten überrascht wird.

Der Lenkaufwand und damit die Anforderungen an den Fahrer sind dank ESP deutlich geringer. Außerdem hat das Fahrzeug, das mit ESP ausgestattet ist, einen kürzeren Bremsweg als das Fahrzeug mit ABS.

Bild 9
1 Fahrzeug mit ESP
2 übersteuerndes Fahrzeug ohne ESP
3 untersteuerndes Fahrzeug ohne ESP

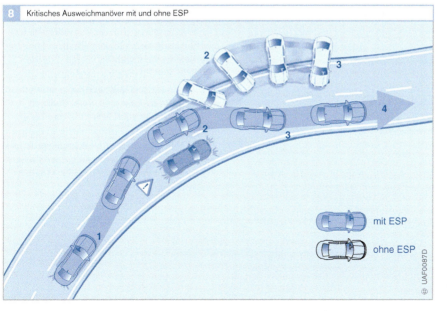

Bild 8
Fahrzeug ohne ESP
1 Fahrzeug fährt auf Hindernis zu
2 Fahrzeug bricht aus und folgt nicht den Lenkbewegungen des Fahrers
3 Fahrzeug rutscht unkontrolliert von der Straße

Fahrzeug mit ESP
1 Fahrzeug fährt auf Hindernis zu
2 Fahrzeug droht auszubrechen
 → ESP-Eingriff
 Fahrzeug folgt Lenkbewegungen
3 Fahrzeug droht beim Zurücklenken erneut auszubrechen
 → ESP-Eingriff
4 Fahrzeug ist stabilisiert

Mehrfaches Lenken und Gegenlenken mit zunehmendem Lenkradeinschlag

Beim Durchfahren mehrerer Links-Rechts-Kurvenfolgen, z. B. auf einer kurvigen Landstraße, befindet sich das Fahrzeug wie auf einem Slalomkurs. Bei solch einem hochdynamischen Fahrmanöver mit zunehmendem Lenkradwinkel zeigt sich die Wirkungsweise des ESP besonders gut.

Die Bilder 10 und 11 zeigen das Fahrverhalten zweier Fahrzeuge (einmal mit und einmal ohne ESP) bei einer solchen Fahrt
- auf einer schneebedeckten Fahrbahn ($\mu_{HF} = 0{,}45$),
- ohne Bremseingriff des Fahrers und
- mit einer konstanten Geschwindigkeit von 72 km/h.

Fahrzeug ohne ESP

Um eine konstante Geschwindigkeit zu halten, muss die Motorleistung kontinuierlich erhöht werden. Dadurch nimmt aber auch der Antriebsschlupf an den Antriebsrädern ständig zu. Sehr schnell wird beim Wechsel von Lenken und Gegenlenken mit einem Lenkradwinkel von 40° der Antriebsschlupf so groß, dass das ungeregelte Fahrzeug instabil wird. Bei einem nochmaligen Wechsel in die entgegengesetzte Richtung reagiert das Fahrzeug nicht mehr; es schleudert. Der Schwimmwinkel und die Giergeschwindigkeit steigen bei nahezu konstanter Querbeschleunigung stark an.

Fahrzeug mit ESP

Das Elektronische Stabilitäts-Programm (ESP) greift sehr früh bei dem Wechsel von Lenken und Gegenlenken ein, da schon zu Beginn die Instabilität droht. Hierbei werden sowohl motorische Eingriffe vorgenommen als auch alle vier Räder individuell gebremst. Das Fahrzeug bleibt dadurch stabil und folgt auch weiterhin den Lenkbefehlen. Der Schwimmwinkel und die auftretenden Giergeschwindigkeiten werden so geregelt, dass der Lenkwunsch des Fahrers entsprechend der physikalischen Möglichkeiten umgesetzt wird.

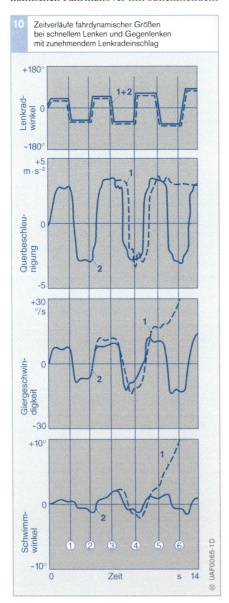

Bild 10
1 Fahrzeug ohne ESP
2 Fahrzeug mit ESP

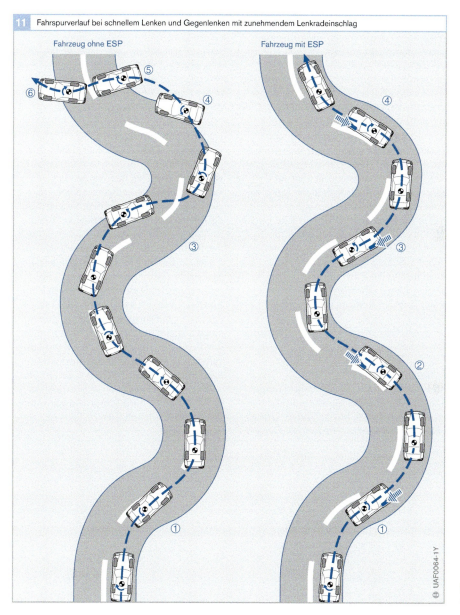

Bild 11
⬅ Bremskrafterhöhung

Beschleunigen/Verzögern in der Kurve

Wird eine Kurve in ihrem Verlauf langsam enger – nimmt also der Kurvenradius ab, wie das z. B. bei Autobahnausfahrten der Fall sein kann – nimmt bei gleich bleibender Geschwindigkeit die nach außen treibende Kraft, die Zentrifugalkraft, zu (Bild 12). Dies gilt gleichermaßen auch für das zu frühe Beschleunigen beim Ausfahren aus einer Kurve, was fahrphysikalisch denselben Effekt erzielt (Bild 13). Ebenso wirken radiale und tangentiale Kräfte instabilisierend auf das Fahrzeug, wenn der Fahrer in der Kurve zu stark bremst.

Das Fahrverhalten beim Beschleunigen in der Kurve wird bei Fahrversuchen mit einer Testfahrt auf einer Kreisbahn nachvollzogen (quasistationäre Kreisfahrt). Der Fahrer versucht hierbei das Fahrzeug
- auf griffiger Fahrbahn ($\mu_{HF} = 1,0$) und
- mit langsam zunehmender Geschwindigkeit

bis in den Grenzbereich auf einer Kreisbahn von 100 m Radius zu halten.

Fahrzeug ohne ESP

Im Fahrversuch auf der Kreisfahrt kommt das Fahrzeug ab einer Geschwindigkeit von etwa 95 km/h in den physikalischen Grenzbereich und untersteuert zuerst. Der erforderliche Lenkaufwand nimmt sehr stark zu. Gleichzeitig nimmt der Schwimmwinkel stark zu. Der Fahrer kann das Fahrzeug gerade noch auf der Kreisbahn halten. Bei etwa 98 km/h wird das ungeregelte Fahrzeug instabil. Das Heck bricht aus, der Fahrer muss gegenlenken und den Kreis verlassen.

Fahrzeug mit ESP

Das geregelte Fahrzeug verhält sich bis zur Geschwindigkeit von etwa 95 km/h genauso wie das ungeregelte. Der Wunsch des Fahrers nach weiterer Geschwindigkeitszunahme wird allerdings nicht umgesetzt, da sich das Fahrzeug bereits an der Stabilisierungsgrenze befindet. ESP begrenzt durch den Motoreingriff das Antriebsmoment.

Die aktiven Motor- und Bremseingriffe wirken der Untersteuertendenz des Fahrzeugs entgegen. Dadurch ergeben sich kleine Abweichungen vom vorgegebenen Kurs, die der Fahrer mit entsprechenden Lenkbewegungen korrigiert. Der Fahrer ist also mit in den Regelkreis einbezogen. Die Schwankungen des Lenkrad- und Schwimmwinkels sowie der Geschwindigkeit zwischen 95 und 98 km/h hängen auch von seiner Reaktion ab. Das ESP hält diese Schwankungen jedoch immer im stabilen Bereich.

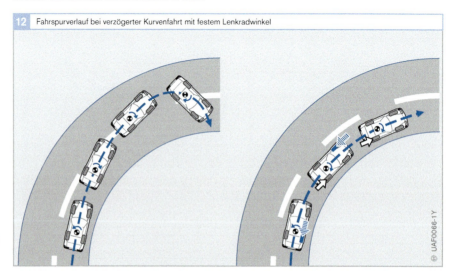

Bild 12 Fahrspurverlauf bei verzögerter Kurvenfahrt mit festem Lenkradwinkel

⬅ Bremskrafterhöhung
⬅ Bremskraftminderung

Elektronisches Stabilitäts-Programm ESP | Fahrmanöver | 37

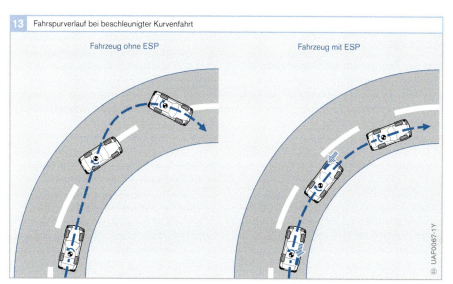

Bild 13
◀▥ Bremskrafterhöhung

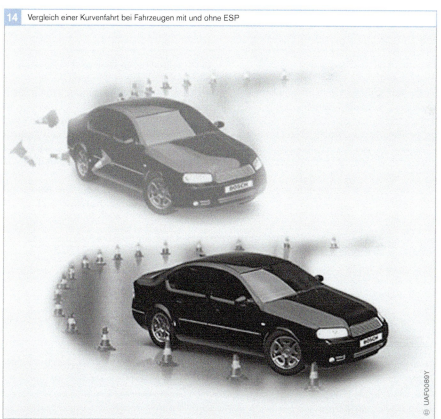

Gesamtregelkreis und Regelgrößen

Ziel der Fahrdynamikregelung mit ESP

Die Regelung im fahrdynamischen Grenzbereich soll die drei Freiheitsgrade des Fahrzeugs in der Ebene,
- Längsgeschwindigkeit,
- Quergeschwindigkeit und
- Drehgeschwindigkeit um die Hochachse (Giergeschwindigkeit),

innerhalb der beherrschbaren Grenzen halten. Bei angemessener Fahrweise werden der Fahrerwunsch und ein der Fahrbahn angepasstes dynamisches Verhalten des Fahrzeugs im Sinne maximaler Sicherheit optimiert. Hierzu muss, wie in Bild 1 dargestellt, zuerst bestimmt werden, wie sich das Fahrzeug im Grenzbereich dem Fahrerwunsch entsprechend verhalten soll (Sollverhalten) und wie es sich tatsächlich verhält (Istverhalten). Um den Unterschied zwischen Soll- und Istverhalten (Regelabweichung) zu verringern, müssen die Reifenkräfte indirekt über Stellglieder (Aktoren) beeinflusst werden.

System- und Regelungsstruktur

Das Elektronische Stabilitäts-Programm (ESP) geht in seinen Möglichkeiten weit über ABS und die Kombination von ABS und ASR hinaus. Es baut auf den weiterentwickelten Komponenten der ABS- und ABS/ASR-Systeme auf und ermöglicht ein aktives Bremsen aller Räder mit hoher Dynamik. Das Fahrzeugverhalten wird in den Regelkreis einbezogen, und die Brems-, Antriebs- und Seitenkräfte an den Rädern werden abhängig von der jeweilig vorherrschenden Situation so geregelt, dass sich das Istverhalten dem Sollverhalten annähert.

Ein Motormanagement mit CAN-Schnittstelle kann das Motordrehmoment und damit die Antriebsschlupfwerte an den Rädern beeinflussen. Die weiterentwickelten Komponenten der Fahrdynamikregelung können die längs- und querdynamischen Kräfte, die auf jedes einzelne Rad wirken, wahlweise und sehr präzise regeln.

Bild 2 zeigt das Regelsystem des ESP in einer schematischen Darstellung mit
- den Sensoren zur Bestimmung der Reglereingangsgrößen,
- dem ESP-Steuergerät mit dem in verschiedenen Ebenen strukturierten Regler (Reglerhierarchie), bestehend aus überlagertem Fahrdynamikregler und unterlagerten Schlupfreglern,
- den Stellgliedern (Aktoren) zur Beeinflussung der Brems-, Antriebs- und Seitenkräfte.

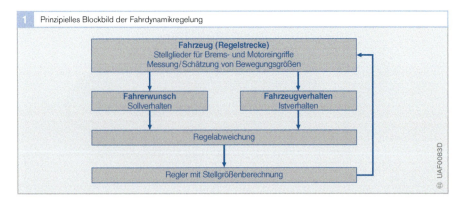

Bild 1 Prinzipielles Blockbild der Fahrdynamikregelung

Hierarchische Reglerstruktur
Überlagerter Fahrdynamikregler
Aufgabe

Die Aufgabe des Fahrdynamikreglers besteht darin,
- das Istverhalten des Fahrzeugs aus dem Giergeschwindigkeitssignal und den im „Beobachter" geschätzten Schwimmwinkel zu ermitteln und dann
- das Fahrverhalten im fahrdynamischen Grenzbereich dem Verhalten im Normalbereich möglichst nahe kommen zu lassen (Sollverhalten).

Zur Bestimmung des Sollverhaltens werden Signale von folgenden Komponenten, die den Fahrerwunsch erfassen, ausgewertet:
- Motormanagementsystem (z. B. das Betätigen des Gaspedals),
- Vordrucksensor (z. B. das Betätigen der Bremse) oder
- Lenkradwinkelsensor (das Einschlagen des Lenkrads).

Der Fahrerwunsch ist damit als Sollwert definiert. Zusätzlich gehen in die Berechnung des Sollverhaltens die Haftreibungszahlen und die Fahrzeuggeschwindigkeit ein, die aus den Signalen der Sensoren für
- Raddrehzahl,
- Querbeschleunigung,
- Bremsdrücke und
- Giergeschwindigkeit im „Beobachter" geschätzt werden.

Das gewünschte Fahrverhalten wird durch Aufbringen eines Giermoments auf das Fahrzeug erreicht. Das gewünschte Giermoment wird durch Beeinflussung des Reifenschlupfes und damit der Längs- und Seitenkräfte erzeugt. Die Beeinflussung des Reifenschlupfes geschieht durch Änderungen der Sollschlupfvorgaben, die von den unterlagerten Brems- und Antriebsschlupfreglern eingestellt werden müssen.

Die Eingriffe werden dabei so vorgenommen, dass das vom Fahrzeughersteller vorgesehene Fahrverhalten sichergestellt und die Beherrschbarkeit gewährleistet wird.

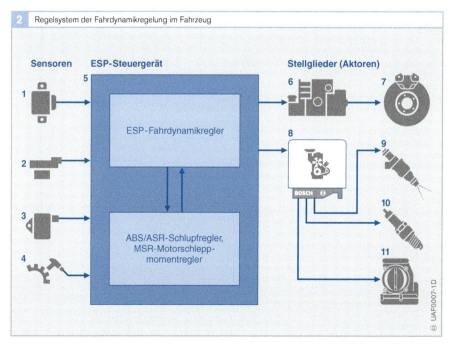

Regelsystem der Fahrdynamikregelung im Fahrzeug

Bild 2
1. Drehratesensor mit Querbeschleunigungssensor
2. Lenkradwinkelsensor
3. Vordrucksensor
4. Drehzahlsensoren
5. ESP-Steuergerät
6. Hydroaggregat
7. Radbremsen
8. Steuergerät des Motormanagements
9. Kraftstoffeinspritzung

nur für Ottomotoren:
10. Zündwinkeleingriff
11. Drosselklappeneingriff (EGAS)

Um diesen Sollwert des Giermoments zu erzeugen, werden im Fahrdynamikregler die erforderlichen Sollwerte der Schlupfänderungen an den geeigneten Rädern ermittelt.

Die unterlagerten Brems- und Antriebsschlupfregler steuern die Aktoren der Bremshydraulik und des Motormanagements mit den ermittelten Werten an.

Aufbau
Bild 3 zeigt den Aufbau des Fahrdynamikreglers des ESP mit den Ein- und Ausgangsgrößen und dem Signalfluss in einem vereinfachten Blockbild. Aus den Größen

- Giergeschwindigkeit (Messgröße),
- Lenkradwinkel (Messgröße),
- Querbeschleunigung (Messgröße),
- Fahrzeuglängsgeschwindigkeit (Schätzgröße) und
- Reifenlängskräfte und Reifenschlupfwerte (Schätzgrößen)

ermittelt der Beobachter folgende Größen:
- Seitenkräfte am Rad,
- Schräglaufwinkel,
- Schwimmwinkel und
- Fahrzeugquergeschwindigkeit.

Die Sollwerte für den Schwimmwinkel und die Giergeschwindigkeit werden aus den

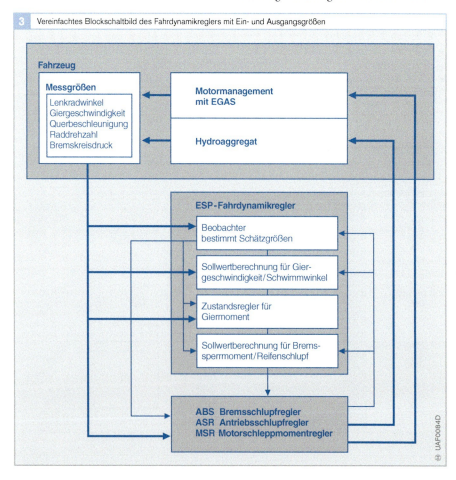

3 Vereinfachtes Blockschaltbild des Fahrdynamikreglers mit Ein- und Ausgangsgrößen

nachstehend aufgeführten Größen ermittelt, die vom Fahrer vorgegeben werden oder auf die der Fahrer einwirken kann:
- Lenkradwinkel,
- geschätzte Fahrzeuggeschwindigkeit,
- Haftreibungszahl, die aus der Längs- (Schätzgröße) und Querbeschleunigung (Messgröße) bestimmt wird, und
- Gaspedalstellung (Motormoment) oder Bremskreisdruck (Bremspedalkraft).

Dabei werden auch die speziellen Eigenschaften der Fahrzeugdynamik sowie besondere Situationen wie geneigte Fahrbahn oder „µ-split" (z. B. linke Fahrspur griffig, rechte Fahrspur glatt) berücksichtigt.

Arbeitsweise
Der Fahrdynamikregler regelt die beiden Zustandsgrößen Giergeschwindigkeit und Schwimmwinkel und berechnet das Giermoment, das benötigt wird, um die Istzustandsgrößen den Sollzustandsgrößen anzugleichen. Die Berücksichtigung des Schwimmwinkels im Regler nimmt mit steigenden Werten zu.

Dem Regelprogramm liegen die maximal mögliche Querbeschleunigung und andere fahrdynamisch wichtigen Größen zugrunde, die für jedes Fahrzeug im Versuch mit einer *stationären Kreisfahrt* ermittelt wurden. Der dabei ermittelte Zusammenhang zwischen Lenkwinkel sowie Fahrzeuggeschwindigkeit und Giergeschwindigkeit bildet sowohl bei gleichförmiger Fahrt als auch beim Bremsen und Beschleunigen die Grundlage für die Fahrzeugsollbewegung. Die Fahrzeugsollbewegung (Giersollgeschwindigkeit) ist als Einspurmodell in der Software gespeichert.

Die Giersollgeschwindigkeit muss entsprechend den Reibwertverhältnissen auf einen Wert begrenzt werden, der dem physikalisch noch „fahrbaren" Spurverlauf entspricht.
Wenn das Fahrzeug z. B. beim freien Rollen in einer Rechtskurve übersteuert und die Giersollgeschwindigkeit überschritten wird (das Fahrzeug will sich zu schnell um die eigene Hochachse drehen), dann erzeugt

▶ **Einspurmodell**

Bereiche der Querbeschleunigung

Pkw können Querbeschleunigungen bis zu 10 m/s² erreichen. Querbeschleunigungen im Kleinsignalbereich (0...0,5 m/s²) werden z. B. durch Straßenanregungen wie Spurrillen oder durch Seitenwind verursacht.

Der lineare Bereich reicht von 0,5...4 m/s². Typische querdynamische Manöver sind Fahrspurwechsel oder Lastwechselreaktionen in der Kurvenfahrt. Das hier auftretende Fahrzeugverhalten lässt sich durch das lineare Einspurmodell beschreiben.

Im Übergangsbereich (4...6 m/s²) verhalten sich einige Fahrzeuge noch linear, andere bereits nicht linear.

Der Grenzbereich oberhalb 6 m/s² wird nur in Extremsituationen, z. B. in unfallnahen Situationen, erreicht. Hier ist das Fahrzeugverhalten stark nicht linear.

Annahmen beim Einspurmodell

Wichtige Aussagen über das querdynamische Verhalten eines Fahrzeugs können über das lineare Einspurmodell gewonnen werden. In dem Einspurmodell werden die querdynamischen Eigenschaften einer Achse und deren Räder zu einem effektiven Rad zusammengefasst. In der einfachsten Version sind die berücksichtigten Eigenschaften linear angesetzt, sodass diese Modellversion als lineares Einspurmodell bezeichnet wird.

Die wichtigsten Modellannahmen sind:
- Kinematik und Elastokinematik der Achse werden nur linear berücksichtigt.
- Der Seitenkraftaufbau des Reifens ist linear und das Reifenrückstellmoment wird vernachlässigt.
- Die Schwerpunkthöhe befindet sich in Fahrbahnhöhe. Damit besitzt das Fahrzeug nur die Gierbewegung als rotatorischen Freiheitsgrad. Wanken, Nicken und Huben (translatorische Bewegung in z-Richtung) werden nicht berücksichtigt.

die Fahrdynamikregelung am linken Vorderrad einen Bremssollschlupf (das linke Vorderrad bremst). Dadurch entsteht eine nach links drehende Giermomentänderung auf das zum „Ausbrechen" neigende Fahrzeug.

Wenn das Fahrzeug z. B. beim freien Rollen in einer Rechtskurve untersteuert und die Giersollgeschwindigkeit unterschritten wird (das Fahrzeug will sich zu langsam um die eigene Hochachse drehen), dann erzeugt die Fahrdynamikregelung am rechten Hinterrad einen Bremssollschlupf (das rechte Hinterrad bremst). Dadurch entsteht eine nach rechts drehende Giermomentenänderung auf das „über die Vorderachse schiebende" Fahrzeug.

ESP-Reglerfunktionen bei ABS- und ASR-Betrieb

Um für die ABS- und ASR-Grundfunktionen den höchstmöglichen Kraftschluss zwischen Reifen und Fahrbahn in jeder Fahrsituation voll auszunutzen, werden alle vorliegenden Mess- und Schätzgrößen auch von den unterlagerten Reglern konsequent verwertet.

Im ABS-Betrieb (Neigung der Räder zum Blockieren) übergibt der Fahrdynamikregler an den unterlagerten Bremsschlupfregler folgende Werte:
- die Fahrzeugquergeschwindigkeit,
- die Giergeschwindigkeit,
- den Lenkradwinkel und
- die Radgeschwindigkeiten zur Einstellung des ABS-Sollschlupfs.

Im ASR-Betrieb (Neigung der Räder zum Durchdrehen beim Anfahren oder Beschleunigen) übergibt der Fahrdynamikregler an den unterlagerten Antriebsschlupfregler folgende Offset-Werte:
- Änderung des Sollwertes für den Antriebsschlupf,
- Änderung des Schlupftoleranzbandes und
- Änderung eines Wertes zur Beeinflussung der Momentenreduktion.

Unterlagerter Bremsschlupfregler (ABS)
Aufgabe
Der unterlagerte Bremsschlupfregler wird aktiv, sobald beim Bremsen der Sollschlupf überschritten wird und das ABS aktiviert werden muss. Die Regelung des Radschlupfes im ABS-Betrieb und im aktiven Bremsbetrieb muss für verschiedene fahrdynamische Eingriffe so exakt wie möglich geschehen. Um dabei einen vorgegebenen Sollwert zu erreichen, muss der Schlupf möglichst genau bekannt sein. Die Längsgeschwindigkeit des Fahrzeugs wird aber nicht direkt gemessen, sondern aus den Geschwindigkeiten der Räder bestimmt.

Aufbau und Arbeitsweise
Der Bremsschlupfregler „unterbremst" kurzzeitig ein Rad, um die Geschwindigkeit des Fahrzeugs indirekt zu messen: die Schlupfregelung wird unterbrochen und das aktuelle Radbremsmoment definiert gesenkt und eine Zeit lang konstant gehalten. Unter der Annahme, dass das Rad gegen Ende dieser Zeit stabil läuft, kann die freirollende (schlupffreie) Radgeschwindigkeit berechnet werden.

Mit der Berechnung der Schwerpunktsgeschwindigkeit können die frei rollenden Radgeschwindigkeiten aller vier Räder ermittelt werden. Somit kann auch für die verbleibenden drei geregelten Räder der tatsächliche Schlupf berechnet werden.

Unterlagerter Motorschleppmomentregler (MSR)
Aufgabe
Die Trägheit der sich bewegenden Teile in einem Motor bewirken beim Zurückschalten oder abrupten Gaswegnehmen immer eine bremsende Kraft auf die Antriebsräder. Wird diese Kraft und damit das wirkende Moment zu hoch, kann es nicht mehr von den Reifen auf die Straße übertragen werden. In dieser Situation greift die Motorschleppmomentregelung (durch „leichtes Gasgeben") ein.

Aufbau und Arbeitsweise
Neigen die Räder zum Blockieren, weil sich z. B. der Fahrbahnuntergrund ändert und deshalb das Motorbremsmoment zu hoch geworden ist, kann dieser Tendenz durch „leichtes Gasgeben" entgegengewirkt werden. Das heißt, das Steuergerät erhöht durch Ansteuern der entsprechenden Aktoren des Motormanagements mit EGAS-Funktion das Antriebsmoment. Das antreibende Rad wird in den erlaubten Grenzen mit dem Motoreingriff geregelt.

Unterlagerter Antriebsschlupfregler (ASR)
Aufgabe
Der unterlagerte Antriebsschlupfregler wird aktiv, sobald z. B. beim Anfahren oder Beschleunigen die Antriebsräder den Sollschlupf überschreiten und die ASR-Funktion aktiviert werden muss. Er hat u. a. die Aufgabe, das Motorsollmoment im Antriebsfall auf das auf die Fahrbahn übertragbare Antriebsmoment zu begrenzen, um damit ein Durchdrehen der Antriebsräder zu verhindern.

Eingriffe an den angetriebenen Rädern werden entweder durch Bremsen bzw. das Motormanagement eingesteuert. Beim Dieselmotor reduziert die Elektronische Dieselregelung (EDC) über die eingespritzte Kraftstoffmenge das Motormoment. Beim Ottomotor kann dies durch Verstellung der Drosselklappe (EGAS), aber auch über den Zündwinkel oder Einspritzausblendung vorgenommen werden.

Aktive Bremseingriffe an den nicht angetriebenen Rädern werden über den Bremsschlupfregler direkt eingesteuert. Abweichend vom ABS erhält ASR vom Fahrdynamikregler Werte für die Änderung des Sollschlupfes und der zulässigen Schlupfdifferenz der angetriebenen Achse(n). Diese Änderungen wirken in Form eines Offsets auf die im ASR ermittelten Grundwerte.

Aufbau
Die Sollwerte für die Kardanwellen- und Raddifferenzdrehzahl werden aus den Schlupfsollwerten und den frei rollenden Radgeschwindigkeiten gebildet. Die Regelgrößen Kardanwellen- und Raddifferenzdrehzahl werden aus den jeweiligen Radgeschwindigkeiten der Antriebsräder ermittelt.

Arbeitsweise
Das ASR-Modul berechnet die Bremssollmomente für die beiden Antriebsräder und den Sollwert für die Motormomentreduzierung über das Motormanagement.

Auf die Kardanwellendrehzahl wirkt das Trägheitsmoment des gesamten Antriebsstrangs (Motor, Getriebe, Kardanwelle und Antriebsräder). Die Kardanwellendrehzahl wird deshalb durch eine relativ große Zeitkonstante (geringe Dynamik) beschrieben. Dagegen ist die Zeitkonstante der Raddifferenzdrehzahl relativ klein, weil deren Dynamik fast ausschließlich durch die Trägheitsmomente der beiden Räder bestimmt wird. Außerdem wird die Raddifferenzdrehzahl im Gegensatz zur Kardanwellendrehzahl nicht vom Motor beeinflusst.

Kardanwellen- und Differenzsollmoment sind die Basis für die Zumessung der Stellkräfte bei den Aktoren. Das Differenzsollmoment wird durch den Bremsmomentunterschied zwischen linkem und rechtem Antriebsrad über eine entsprechende Ventilansteuerung im Hydroaggregat eingestellt.

Das Kardanwellensollmoment wird sowohl durch die Motoreingriffe als auch durch einen symmetrischen Bremseingriff erreicht. Der Drosselklappeneingriff beim Ottomotor ist nur mit relativ großer Verzögerung (Totzeit und Übergangsverhalten des Motors) wirksam. Als schneller Motoreingriff wird eine Zündwinkelspätverstellung und als weitere Möglichkeit eine zusätzliche Einspritzausblendung eingesetzt. Der symmetrische Bremseingriff dient dabei zur kurzfristigen Unterstützung der Motormomentreduzierung.

Automatische Bremsfunktionen

Die Möglichkeiten elektronischer Bremssysteme gehen heute weit über ihre ursprünglichen Aufgaben hinaus. Anfangs hatte das Antiblockiersystem (ABS) nur die Aufgabe, das Blockieren der Räder zu verhindern und damit die Lenkbarkeit des Fahrzeugs auch bei einer Vollbremsung zu gewährleisten. Heute übernimmt es auch die Funktion der Bremskraftverteilung. Das Elektronische Stabilitäts-Programm (ESP) bietet mit seiner Fähigkeit, unabhängig von der Bremspedalstellung Bremsdruck aufzubauen, eine Vielzahl von Möglichkeiten zum aktiven Bremseingriff. Ziel ist es, mit automatischen Bremseingriffen den Fahrer zu entlasten und damit mehr Komfort zu bieten. Einige Funktionen tragen aber auch zu mehr Sicherheit bei, da automatische Bremseingriffe im Notfall zu verkürzten Bremswegen führen.

Übersicht

Als Grundfunktion der elektronischen Bremssysteme hat sich die Elektronische Bremskraftverteilung (EBV) durchgesetzt, die die mechanischen Komponenten zur Bremskraftaufteilung zwischen Vorder- und Hinterachse ersetzt. Dadurch werden zum einen Kosten eingespart, zum anderen bietet die elektronische Verteilung der Bremskraft eine höhere Flexibilität.

Zusätzliche Funktionen werden schrittweise in die elektronischen Bremssysteme integriert. Derzeit stehen folgende Zusatzfunktionen zur Verfügung:

- *Hydraulic Brake Assist (HBA):*
  HBA erkennt Notbremssituationen und verkürzt den Bremsweg, indem Bremsdruck bis zur Blockiergrenze aufgebaut wird.
- *Controlled Deceleration for Parking Brake (CDP):*
  CDP ermöglicht auf Anforderung des Fahrers eine Abbremsung bis zum Fahrzeugstillstand.

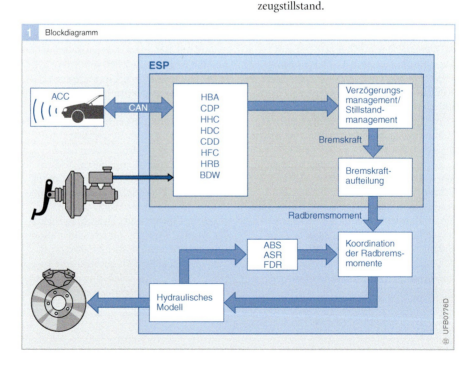

1 Blockdiagramm

- *Hill Hold Control (HHC):*
  HHC greift beim Anfahren am Berg in die Bremsanlage ein und verhindert ein Rückrollen des Fahrzeugs.
- *Hill Descent Control (HDC):*
  HDC unterstützt den Fahrer beim Bergabfahren im steilen Gelände durch automatischen Bremseingriff.
- *Controlled Deceleration for Driver Assistance Systems (CDD):*
  CDD leitet in Verbindung mit einer automatischen Abstandsregelung im Bedarfsfall eine Abbremsung ein.
- *Hydraulic Fading Compensation (HFC):*
  HFC greift ein, wenn trotz starker Bremspedalbetätigung, z. B. wegen hoher Bremsscheibentemperaturen, die maximal mögliche Fahrzeugverzögerung nicht erreicht wird.
- *Hydraulic Rear Wheel Boost (HRB):*
  HRB erhöht bei einer ABS-Bremsung den Bremsdruck auch in den Hinterrädern bis zum Blockierniveau.
- *Brake Disc Wiping (BDW):*
  BDW entfernt durch kurzzeitiges, für den Fahrer unmerkliches Bremsen Spritzwasser von den Bremsscheiben.

Diese Funktionen arbeiten in Verbindung mit dem Elektronischen Stabilitäts-Programm (ESP). Teilweise ist auch die Funktionsfähigkeit in Verbindung mit dem Antiblockiersystem (ABS) oder der Antriebsschlupfregelung (ASR) gegeben.

Die meisten Zusatzfunktionen arbeiten mit der Sensorik der bestehenden elektronischen Bremssysteme. Einige Funktionen erfordern jedoch zusätzliche Sensoren.

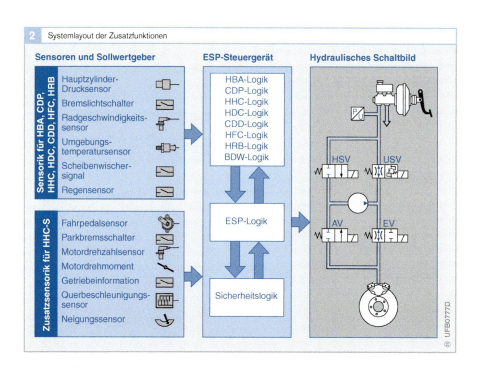

2 Systemlayout der Zusatzfunktionen

Standardfunktion

Elektronische Bremskraftverteilung EBV

Anforderungen
Die Bremssysteme von Straßenfahrzeugen müssen entsprechend den gültigen Bestimmungen so ausgelegt werden, dass bis zu einer Verzögerung von $0{,}83\,g^{1)}$ und bei allen Fahrmanövern das Fahrzeug ein stabiles Fahrverhalten, d. h. keine Tendenz zum Schleudern aufweist.

Konventionelle Bremskraftverteilung
Bei Fahrzeugen ohne ABS erreicht man stabiles Fahrverhalten durch eine Festabstimmung der Vorderachs- und Hinterachsbremsen oder durch den Einsatz von Bremsdruckminderern für die Hinterradbremsen (Bild 1).
Kurve 2 zeigt eine Festabstimmung des Fahrzeugs, die im Bereich 0…0,83 g unterhalb der idealen Bremskraftverteilung 1l des leeren Fahrzeugs liegt und eine mögliche größere Hinterachsbremskraft nicht ausnutzt; bei voll beladenem Fahrzeug (Kurve 1b) ist die Bremskraftausnutzung noch geringer. Kurve 3 zeigt das Verhalten mit einem Bremsdruckminderer, was bei leerem Fahrzeug einen deutlichen Gewinn an Hinterachs-Bremskraft zur Folge hat. Bei beladenem Fahrzeug ist der Gewinn jedoch verhältnismäßig gering.
Das letztgenannte Verhalten kann durch den Einbau von beladungs- oder verzögerungsabhängigen Druckminderern verbessert werden, aber zum Preis einer aufwändigen Mechanik und Hydraulik.

Elektronische Verteilung
Die **E**lektronische **B**remskraft**v**erteilung (EBV) ermöglicht eine bedarfsgerechte Bremsenauslegung des Fahrzeugs: Die Hinterachse wird bei überwachtem Stabilitätsverhalten stärker zur Gesamtabbremsung des Fahrzeugs herangezogen, z. B. durch Wegfall des Bremsdruckminderes oder durch verstärkt ausgelegte Hinterradbremsen. Daraus ergibt sich ein Bremskraftpotenzial für die Vorderachse, das gerade bei Fahrzeugen mit hoher Vorderachslast ausgenutzt werden kann.

Aufbau
Das Fahrzeug wird so ausgelegt, dass man ohne Bremsdruckminderer eine Festabstimmung mit einem Durchstoßpunkt P (Bild 2) an der idealen Bremskraftverteilung (Kurve 1) bei kleineren Werten der Gesamtabbremsung erhält, z. B. 0,5 g. Der Einsatz eines ABS mit vorhandener Hydraulik, Sensorik und Elektronik, jedoch mit modifizierten Ventilen und Software ermöglicht, bei höheren Werten der Gesamtabbremsung die Bremskraft an der Hinterachse zu reduzieren.

---

1) Erdbeschleunigung $g = 9{,}81\ \text{m/s}^2$

Bild 1
1 Ideale Bremskraftverteilung eines Fahrzeugs:
  1l Fahrzeug leer
  1b Fahrzeug voll beladen
2 feste Bremskraftverteilung (Festabstimmung)
3 Bremskraftverteilung mit Bremsdruckminderer
4 Gerade für Abbremsung 0,83 g
  (g: Erdbeschleunigung)

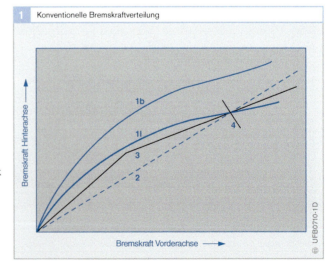

Bild 1 Konventionelle Bremskraftverteilung

Arbeitsweise
Das Steuergerät berechnet ständig die Schlupfunterschiede an den Vorder- und Hinterrädern in allen Fahrzuständen. Überschreitet bei einem Bremsvorgang das Schlupfverhältnis Hinterrad zu Vorderrad einen vorgegebenen Stabilitäts-Grenzwert, dann wird das ABS-Druckeinlassventil des entsprechenden Hinterrades geschlossen. Ein weiterer Druckanstieg im Radzylinder wird verhindert.

Steigert der Fahrer nun weiter die Bremspedalkraft und damit den Bremsdruck, dann nimmt auch der Schlupf an den Vorderrädern zu. Das Verhältnis der Schlupfwerte an Hinter- und Vorderrädern wird wieder kleiner, das Druckeinlassventil wird nun geöffnet und der Druck an Hinterrad steigt wieder an. Das beschriebene Verhalten kann sich abhängig von Bremspedalkraft und vom Fahrmanöver mehrfach wiederholen. Es ergibt sich dann ein treppenförmiger Verlauf für die Elektronische Bremskraftverteilung (Kurve 3), der sich näherungsweise an die ideale Bremskraftverteilung anschmiegt.

Für die Elektronische Bremskraftverteilung (EBV) werden nur die Hinterradventile des ABS angesteuert, der Rückförderpumpenmotor im Hydroaggregat bleibt stromlos.

Vorteile
Aus dem skizzierten Verhalten ergeben sich folgende Vorteile für die EBV:
- Optimierte Fahrzeugstabilität bei allen Beladungszuständen und Seitenführungskräften bei Kurvenfahrten, bei Bergauf- und -abfahrten und Änderungen im Antriebsstrang (ein-, ausgekuppelt, Automatikgetriebe),
- Wegfall von konventionellen Druckminderern oder -begrenzern,
- Verringerung der thermischen Belastung der Vorderradbremsen,
- gleichmäßige Abnutzung der Bremsbeläge vorn und hinten,
- höhere Fahrzeugverzögerung bei gleichen Pedalkräften,
- konstante Bremskraftverteilung während der Fahrzeuglebensdauer,
- nur geringfügige Änderungen an bestehenden ABS-Komponenten erforderlich.

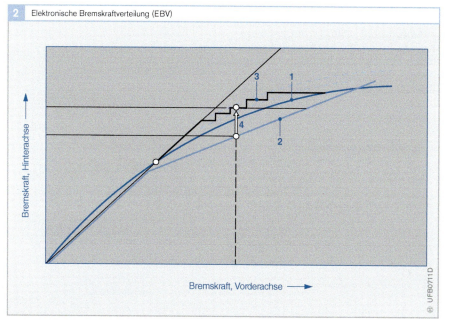

Bild 2
1 Ideale Bremskraftverteilung
2 installierte Bremskraftverteilung
3 Elektronische Bremskraftverteilung
4 Gewinn an Bremskraft an der Hinterachse

Zusatzfunktionen

Hydraulic Brake Assist HBA

Das Hauptmerkmal des hydraulischen Bremsassistenten besteht in der Erkennung einer Notbremssituation und einer daraus abgeleiteten automatischen Erhöhung der Fahrzeugverzögerung. Die Fahrzeugverzögerung wird erst durch das Einsetzen der ABS-Regelung begrenzt und liegt somit an dem physikalisch möglichen Optimum. So ergeben sich für den Normalfahrer genauso kurze Bremswege wie sie bislang nur von trainierten Fahrern erreicht werden konnten. Reduziert der Fahrer seine Bremsanforderung, wird entsprechend der Pedalkraft die Fahrzeugverzögerung reduziert. Der Fahrer kann somit die Verzögerung nach einer eventuellen Klärung der Notsituation genau dosieren.

Das Maß für die Bremsanforderung des Fahrers ist die Pedalkraft bzw. der Pedaldruck. Der Pedaldruck wird von dem gemessenen Hauptzylinderdruck unter Berücksichtigung der momentanen Hydraulikansteuerung abgeleitet.

Der Fahrer hat zu jeder Zeit die volle Eingriffsmöglichkeit auf die Bremse und kann somit das Fahrzeugverhalten direkt beeinflussen. Der HBA kann lediglich eine Bremsdruckerhöhung einstellen. Das heißt, der vom Fahrer eingestellte Vordruck wird auf jeden Fall durchgestellt. Bei einem Systemfehler erfolgt eine HBA-Abschaltung (Abschaltkonzept) mit Ausgabe einer Fehlerinformation für den Fahrer.

Controlled Deceleration for Parking Brake CDP

Die Elektromechanische Parkbremse (EPB) ist ein automatisiertes Feststellbremssystem. Sie ersetzt den konventionellen Handbrems- oder Fußfeststellhebel durch einen Elektromotor. Die Parkbremse hat aber den Nachteil, dass diese nur auf die Hinterachse wirkt und bei einer Notverzögerung in ihrer Bremskraft begrenzt ist. Um auch höhere Verzögerungen komfortabel zu realisieren und gleichzeitig für die Fahrzeugstabilität die überlagerten Regler eines ESP-Systems zu nutzen, bietet sich die CDP-Funktion an.

Die CDP-Funktion ist eine Zusatzfunktion zur aktiven Bremsdruckerhöhung bei einem Fahrzeug mit hydraulischer Bremsanlage und ESP-System. Die CDP-Funktion ermöglicht auf Aufforderung des Fahrers automatisch eine Verzögerung des Fahrzeugs bis zum Stillstand. Nach Erreichen des Fahrzeugstillstands übernimmt die ESP-Hydraulik auch für kurze Zeit alle statischen Feststellbremsvorgänge.

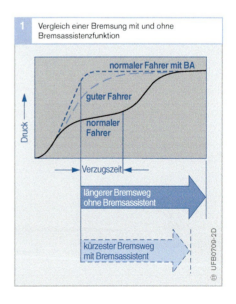

1 Vergleich einer Bremsung mit und ohne Bremsassistenzfunktion

Hill Hold Control HHC

Der Anfahrassistent (Hill Hold Control, HHC) ist eine Komfortfunktion und verhindert beim Anfahren an Steigungen das Rückrollen des Fahrzeugs. Die Steigung wird dabei durch einen Neigungssensor (Längsbeschleunigungssensor) ermittelt. Erforderlich für den Anfahrassistenten ist der bei Fahrzeugstillstand vorhandene Bremsdruck, welcher durch die betätigte Fußbremse aufgebaut wurde.

Der während des Anhaltevorgangs durch den Fahrer vorgegebene Bremsdruck wird bei Erkennen des Fahrzeugstillstands in der Bremsanlage gehalten, auch wenn das Bremspedal nicht mehr betätigt ist. Spätestens nach einer Druckhaltezeit von bis zu maximal zwei Sekunden wird der Bremsdruck abgebaut. Innerhalb dieser Zeit kann der Fahrer das Gaspedal betätigen und den Anfahrvorgang durchführen. Nach Erkennen des Anfahrwunsches wird der Bremsdruck abgebaut.

Ein Anfahrwunsch liegt vor, wenn das Motormoment ausreicht, um das Fahrzeug in die gewünschte Fahrtrichtung zu bewegen. Der Anfahrwunsch kann sowohl vom Fahrer durch Betätigung von Gaspedal und/oder Kupplung als auch vom Getriebe durch Abgabe eines Motormoments (z. B. Automatik/CVT) getriggert werden.

Der Bremsdruck wird nicht in der Bremsanlage gehalten, wenn während des Stillstands bereits genügend Motormoment anliegt (z. B. durch den Vortrieb des Automatikgetriebes).

Wird das Gaspedal innerhalb der fahrzeugspezifischen Haltezeit betätigt, so verlängert sich die Haltezeit, bis ausreichend Motormoment zum Anfahren vorhanden ist.

Ist weder das Gas- noch das Bremspedal betätigt, wird die Funktion spätestens nach zwei Sekunden abgebrochen. Dabei rollt das Fahrzeug an.

Die HHC-Funktion wird als Zusatzfunktion zum ESP ausgelegt und benutzt Teile dieser Systeme. Die Aktivierung erfolgt automatisch.

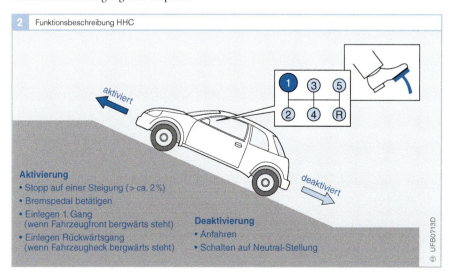

2 Funktionsbeschreibung HHC

Aktivierung
- Stopp auf einer Steigung (> ca. 2%)
- Bremspedal betätigen
- Einlegen 1. Gang
  (wenn Fahrzeugfront bergwärts steht)
- Einlegen Rückwärtsgang
  (wenn Fahrzeugheck bergwärts steht)

Deaktivierung
- Anfahren
- Schalten auf Neutral-Stellung

Hill Descent Control HDC

Die Hill Descent Control (HDC) ist eine Komfortfunktion, die den Fahrer beim Bergabfahren im Gelände (bis 50 % Gefälle) durch automatischen Bremseingriff unterstützt. Nach Aktivieren dieser Funktion wird ohne Zutun des Fahrers eine vorgegebene, niedrige Sollgeschwindigkeit eingeregelt.

Aktivierung und Deaktivierung der HDC-Funktion erfolgen grundsätzlich durch Betätigung des HDC-Tasters.

Bei Bedarf kann der Fahrer die voreingestellte Sollgeschwindigkeit durch Brems- und Gaspedalbetätigung oder mithilfe der Bedientasten einer Geschwindigkeitsregelanlage variieren.

Laufen die Räder während einer HDC-Regelung in zu hohen Bremsschlupf, so wird selbsttätig ABS aktiv. Befinden sich die Räder auf unterschiedlichem Untergrund, so wird das Bremsmoment der schlupfenden Räder automatisch auf die Räder mit höherem Reibwert verteilt.

Ein zur Verfügung stehendes Motorbremsmoment wird automatisch ausgenutzt. Gegenüber der ausschließlichen Ausnutzung des Motorschlepps bietet HDC jedoch den zusätzlichen Vorteil, dass bei abhebenden Rädern (Verlust des Motorschlepps) die Fahrzeuggeschwindigkeit gehalten wird, und es nicht zu plötzlichen Beschleunigungsphasen kommt.

Ein weiterer Vorzug der HDC-Funktion ist die variable Verteilung der Bremskraft, die an die automatische Fahrtrichtungserkennung gekoppelt ist. Bei Rückwärtsfahrt wird die Hinterachse entsprechend stärker gebremst, um auch bei entlasteter Vorderachse eine optimale Lenkbarkeit zu ermöglichen.

Innerhalb HDC ist eine Funktion (Level Ground Detection) vorhanden, welche einen Bremseneingriff durch HDC nur bei Bergabfahrt zulässt. Befindet sich das Fahrzeug in der Ebene oder in Bergauffahrt, wechselt HDC in einen Bereitschaftszustand, um automatisch wieder aktiv zu werden, sobald Bergabfahrt erkannt wird.

Um einem Missbrauch durch den Fahrer vorzubeugen, tritt der HDC-Bereitschaftszustand außerdem ein, falls das Fahrpedal über eine Schwelle hinaus betätigt oder eine maximale Regelgeschwindigkeit überschritten wird. Beschleunigt das Fahrzeug weiterhin über eine Abschaltgeschwindigkeit hinaus, wird HDC deaktiviert.

Der Zustand der HDC-Funktion wird durch eine HDC-Kontrollleuchte angezeigt. Bei Bremseingriffen durch HDC wird außerdem das Bremslicht angesteuert.

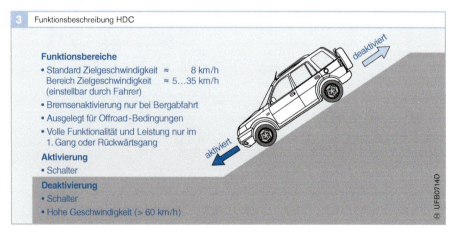

3 Funktionsbeschreibung HDC

Funktionsbereiche
- Standard Zielgeschwindigkeit ≈ 8 km/h
  Bereich Zielgeschwindigkeit ≈ 5…35 km/h
  (einstellbar durch Fahrer)
- Bremsenaktivierung nur bei Bergabfahrt
- Ausgelegt für Offroad-Bedingungen
- Volle Funktionalität und Leistung nur im 1. Gang oder Rückwärtsgang

Aktivierung
- Schalter

Deaktivierung
- Schalter
- Hohe Geschwindigkeit (> 60 km/h)

Controlled Deceleration for Driver Assistance Systems CDD

Die CDD-Basis-Funktion ist eine Zusatzfunktion zur Realisierung des aktiven Bremseingriffs bei der adaptiven Fahrgeschwindigkeitsregelung (Adaptive Cruise Control, ACC), d. h. für eine automatische Abstandsregelung. Ziel ist eine automatische Abbremsung ohne Bremsbetätigung des Fahrers, sobald ein vorgegebener Abstand zum vorausfahrenden Fahrzeug unterschritten wird. CDD basiert auf einer hydraulischen Bremsanlage und einem ESP-System.

Der Eingang der CDD-Funktion ist eine Sollverzögerungsanforderung. Ausgang der CDD-Funktion ist eine Istverzögerung des Fahrzeugs, die über eine Druckregelung mittels Hydraulik realisiert wird. Die Verzögerungsvorgabe erfolgt durch das vorgeschaltete Cruise Control System.

Hydraulic Fading Compensation HFC

Die Funktion Hydraulic Fading Compensation (HFC) bietet dem Fahrer eine zusätzliche Bremskraftunterstützung. Sie erfolgt, wenn selbst bei starker Bremspedalbetätigung, mit der normalerweise das Blockierdruckniveau erreicht wird (Vordruck über ca. 80 bar), nicht die maximal mögliche Fahrzeugverzögerung eintritt. Dies ist z. B. bei hohen Bremsscheibentemperaturen oder bei Bremsbelägen mit deutlich reduziertem Reibwert der Fall.

Bei Aktivierung von HFC werden die Raddrücke so weit erhöht, bis alle Räder das Blockierdruckniveau erreicht haben und die ABS-Regelung einsetzt. Die Bremsung liegt somit an dem physikalischen Optimum. Der Druck in den Radzylindern kann dann auch während der ABS-Regelung größer als der Druck im Hauptzylinder sein.

Reduziert der Fahrer seine Bremsanforderung auf einen Wert unterhalb einer Umschaltschwelle, wird entsprechend seiner Pedalkraft die Fahrzeugverzögerung reduziert. Der Fahrer kann somit die Verzögerung nach einer eventuellen Klärung der Situation genau dosieren. Die HFC-Abschaltbedingung ist erfüllt, wenn der Vordruck oder die Fahrzeuggeschwindigkeit die jeweilige Abschaltschwelle unterschreitet.

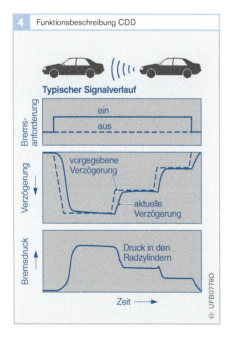

4 Funktionsbeschreibung CDD

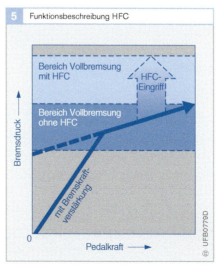

5 Funktionsbeschreibung HFC

Hydraulic Rear Wheel Boost HRB

Die Hydraulic Rear Wheel Boost (HRB) ist eine Funktion, die dem Fahrer im Falle von ABS-regelnden Vorderrädern eine zusätzliche Bremskraftunterstützung für die Hinterräder bietet. Dies ist durch die Beobachtung motiviert, dass viele Fahrer mit Beginn der ABS-Regelung die Pedalkraft nicht weiter erhöhen, obwohl die Situation es verlangen würde. Nach HRB-Aktivierung werden die Raddrücke an den Rädern der Hinterachse so weit erhöht, bis diese ebenfalls das Blockierdruckniveau erreichen und die ABS-Regelung einsetzt. Der Bremsvorgang liegt somit an dem physikalischen Optimum. Der Druck in den Radzylindern der Hinterräder kann dann auch während der ABS-Regelung größer als der Druck im Hauptzylinder sein.

Die HRB-Abschaltbedingung ist erfüllt, wenn die Räder an der Vorderachse nicht mehr in ABS-Regelung sind oder der Vordruck die Abschaltschwelle unterschreitet.

Brake Disc Wiping BDW

Die Funktion von Brake Disc Wiping (BDW) besteht in der Erkennung von Regen oder Fahrbahnnässe durch Auswertung von Scheibenwischer- oder Regensensorsignalen und dem darauf folgenden aktiven Bremsdruckaufbau in der Betriebsbremse. Der Bremsdruckaufbau dient dem Entfernen von Spritzwasser auf der Bremsscheibe, um minimale Bremsreaktionszeiten bei Nässe zu gewährleisten. Das Druckniveau während des Trockenbremsens wird so eingestellt, dass die Fahrzeugverzögerung an der Wahrnehmungsgrenze liegt.

Das Trockenbremsen geschieht wiederholt in einem definierten Intervall, solange das System Regen oder Fahrbahnnässe erkennt. Optional kann allein an der Vorderachse gewischt werden.

Sobald der Fahrer die Bremse betätigt, beendet BDW den Wischvorgang.

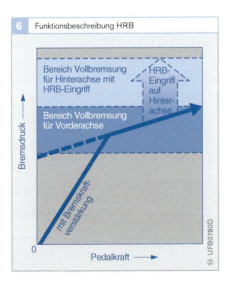

6 Funktionsbeschreibung HRB

Automatische Bremsfunktionen | Zusatzfunktionen | **53**

Fahrstabilität

Eine gute Fahrzeugführung hängt davon ab, ob das Fahrzeug einer Fahrspur folgt, die möglichst präzise mit dem Lenkwinkelverlauf übereinstimmt und ob das Fahrzeug stabil bleibt, also bei Lenkbewegungen nicht schiebt.

Die Querdynamik des Fahrzeugs ist dabei besonders von Bedeutung. Sie wird durch die seitliche Bewegung (charakterisiert durch den Schwimmwinkel) und die Drehbewegung des Fahrzeugs um die Hochachse (Giergeschwindigkeit) beschrieben (Bild 1).

Bild 2 veranschaulicht die Querdynamik eines Fahrzeugs bei festem Lenkwinkel (Kreisfahrt). Position 1 zeigt den Moment des Lenkradeinschlags (Lenksprung). In Kurve 2 ist die Fahrspur auf griffiger Fahrbahn dargestellt; sie stimmt mit dem Lenkwinkelverlauf überein. Dies ist gewährleistet, wenn die Haftreibungszahl groß genug ist, um die Querbeschleunigungskräfte auf die Fahrbahn übertragen zu können. Bei kleineren Haftreibungszahlen, z. B. wegen Fahrbahnglätte, wird der Schwimmwinkel übermäßig groß (Kurve 3). Die Regelung der Giergeschwindigkeit führt hier zwar dazu, dass sich das Fahrzeug genauso weit um seine Hochachse dreht wie in Kurve 2, aber wegen des großen Schwimmwinkels droht eine Instabilität. Aus diesem Grund regelt das Elektronische Stabilitäts-Programm die Giergeschwindigkeit und begrenzt den Schwimmwinkel β (Kurve 4).

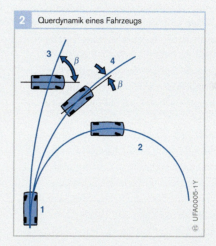

2 Querdynamik eines Fahrzeugs

Bild 2
1 Lenksprung, Lenkradwinkel fest
2 Fahrspur auf griffiger Fahrbahn
3 Fahrspur auf glatter Fahrbahn mit Regelung der Giergeschwindigkeit
4 Fahrspur auf glatter Fahrbahn mit zusätzlicher Regelung des Schwimmwinkels β (ESP)

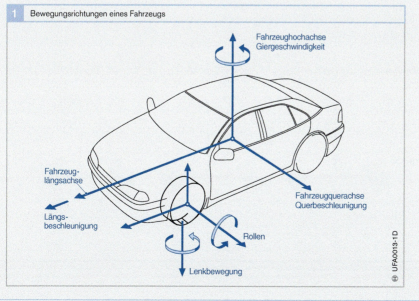

1 Bewegungsrichtungen eines Fahrzeugs

Aktivlenkung

Die Entwicklung der Lenksysteme von Kraftfahrzeugen ist durch die konsequente Einführung der hydraulischen Servounterstützung und durch Ersetzen der Kugelmutterlenkung im Pkw durch die leichtere und preiswertere Zahnstangenlenkung gekennzeichnet. Elektromechanische Servolenkungen verdrängen neuerdings bei kleinen und leichten Pkw die hydraulische Servounterstützung. Die rein elektronische „steer by wire"-Technik ist vom Gesetzgeber für Kraftfahrzeuge jedoch noch nicht zugelassen. Sicherheitsvorschriften der EU fordern derzeit noch eine mechanische Verbindung zwischen Lenkrad und Rädern.

All diese Entwicklungen haben als Ziel, die Fahrzeugführung möglichst leicht zu gestalten und die Lenkkräfte auf ein sinnvolles Maß zu begrenzen. Eine möglichst gute Rückmeldung über die Kraftschlussverhältnisse zwischen Reifen und Fahrbahn soll sichergestellt werden. Sie hat entscheidenden Einfluss darauf, wie gut der Fahrer seine Aufgabe im Regelkreis Fahrer – Fahrzeug – Umwelt bewältigen kann.

Aufgabe

Die neu entwickelte Aktivlenkung kann die Lenkkräfte und den vom Fahrer vorgegebenen Lenkwinkel beeinflussen. Sie erfüllt den Wunsch nach einer direkten Lenkübersetzung zur Verbesserung der Handlichkeit bei niedrigen Geschwindigkeiten. Ebenso erfüllt sie die Forderungen bezüglich Sicherstellung von Komfort, Fahrbarkeit und Geradeauslauf im Hochgeschwindigkeitsbereich. Die Aktivlenkung ist ein erster Schritt zur „steer by wire"-Funktion. Sie ermöglicht zwar kein autonomes Fahren, wohl aber Korrekturfunktionen und mehr Komfort.

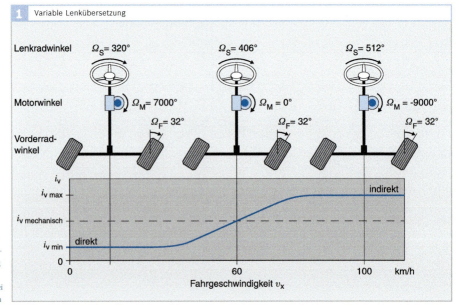

Bild 1
Veränderung des Verhältnisses zwischen dem Lenkradwinkel und dem mittleren Winkel der Vorderräder → Verringerung des Lenkaufwandes bei niederen und Stabilität bei hohen Geschwindigkeiten

Aufbau

Der wesentliche Unterschied der Aktivlenkung (Active Steering) zum „steer by wire"-System ist der Erhalt des Lenkstrangs und damit der mechanische Durchgriff des Fahrers auf die gelenkten Vorderräder bei der Aktivlenkung.

Mechanik

Der Lenkstrang besteht weiterhin aus Lenkrad, Lenksäule, Lenkgetriebe und Spurstangen. Das Besondere der neuen Aktivlenkung ist ein Überlagerungsgetriebe (**Bild 2**). Hierzu ist im Lenkgetriebe ein Planetengetriebe (6) mit zwei Eingangswellen und einer Ausgangswelle integriert. Eine Eingangswelle ist mit dem Lenkrad verbunden, die andere treibt ein Elektromotor (4) über ein Schneckengetriebe (3) als Übersetzungsstufe an. Das dazugehörige Steuergerät verarbeitet die notwendigen Sensorsignale, steuert den Elektromotor und überwacht das gesamte Lenksystem.

Der Elektromotor und das Überlagerungsgetriebe ermöglichen einen fahrerunabhängigen Lenkeingriff an der Vorderachse. Bei niedrigen Geschwindigkeiten fällt der wirksame Lenkwinkel an den Rädern größer aus als der eingestellte Winkel am Lenkrad, da ein lenkwinkelproportionaler Anteil hinzugesteuert wird. Bei hohen Geschwindigkeiten wird ein entsprechender Anteil entgegengesteuert, sodass der Radwinkel kleiner ausfällt, als ihn der Fahrer am Lenkrad einstellt (**Bild 1**). Ruht der Elektromotor, besteht wie bei konventionellen Lenkungen ein direkter Durchgriff vom Lenkrad auf die Räder.

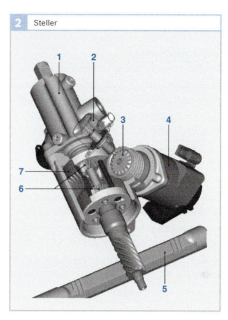

Bild 2
1 Servotronic-2-Ventil
2 Elektromagnetische Sperre
3 Schnecke
4 Elektromotor
5 Zahnstange
6 Planetenrad
7 Schneckenrad

höheren Leistungsanforderungen angepasstes „open center"-Lenkventil bewältigt das. Die vektorielle Überlagerung der Stellgeschwindigkeiten des Fahrers und des Motors kann in bestimmten Situationen zu deutlich höheren Zahnstangenverschiebegeschwindigkeiten als bei konventionellen Lenkungen führen. Das geometrische Fördervolumen der Flügelzellen-Lenkhilfpumpe mit Volumenstromregler ist auf die maximale theoretische Stellgeschwindigkeit ausgelegt. Die druckseitige Regelung stellt eine sehr dynamische und akustisch unauffällige Energieversorgung für die Aktivlenkung dar.

Hydraulik

Das Prinzip der Überlagerungslenkung erfordert in der Regel eine hydraulische Servounterstützung, um die Handkräfte auf ein sinnvolles Maß zu beschränken. Ein an die

Arbeitsweise

Ansteuerkonzept

Der fahrerunabhängige Stelleingriff an der Vorderachse erfordert ein aufwändiges Ansteuerkonzept, das in einem Steuergerät mit zwei Prozessoren, die miteinander kommunizieren, realisiert ist. Ein Prozessor ist für die Ansteuerung des Stellmotors, der andere für die Berechnung des korrekten Stellwinkels zuständig. Beide Prozessoren überwachen sich gegenseitig bezüglich ordnungsgemäßer Funktion. Der Bewegungszustand des Lenkgetriebes wird durch je einen Winkelsensor am Lenkritzel sowie am Stellmotor sensiert. Hinzu kommt das Lenkradwinkelsignal als Sollvorgabe des Fahrers. Sensoren für Giergeschwindigkeit, Querbeschleunigung und Raddrehzahl werden für die Fahrstabilisierungssysteme (ESP) schon benötigt und liefern weitere Eingangssignale für die Aktivlenkung.

Die Systemvernetzung des Steuergeräts erfolgt über Powertrain-CAN sowie über den neuen Fahrwerk-CAN mit der erforderlichen hohen Datenrate (siehe **Bild 3**). Rund 100-mal in jeder Sekunde werden die nötigen Daten über Sensoren erfasst und vom Steuergerät ausgewertet. Das Steuergerät entscheidet dann, ob und um welchen Betrag der Lenkwinkel verändert werden muss. Bei niederer Geschwindigkeit steuert es einen lenkwinkelproportionalen Anteil hinzu, bei hoher Geschwindigkeit steuert es einen entsprechenden Anteil entgegen. Aus Fahrersicht ergibt sich somit der Eindruck einer über die Fahrgeschwindigkeit variablen Lenkübersetzung. Der Lenkaufwand bleibt über einen weiten Geschwindigkeitsbereich weitgehend konstant. Oberhalb des Rangierbereichs ist für alle Fahrsituationen ein Lenkwinkel von deutlich weniger als 180° erforderlich.

Fahrstabilisierung

Zur Berechnung des stabilisierenden Lenkeingriffs werden die Fahrzeugbewegungsgrößen Gierwinkelbeschleunigung und Querbeschleunigung zurückgeführt und im Stabilisierungsregler mit der Sollvorgabe des Fahrers – dargestellt durch Lenkradwinkel und Fahrgeschwindigkeit – verglichen (**Bild 4**).

Sollwert

Der im Steuergerät der Aktivlenkung gebildete Sollwert für den einzustellenden Stellwinkel kann in einen gesteuerten sowie einen geregelten Anteil aufgeteilt werden. Der gesteuerte Anteil, vereinfacht als variable Lenkübersetzung bezeichnet, wird definitionsgemäß nur aus der Führungsgröße, dem Fahrerlenkwinkel, gebildet. Zusätzliche Informationen aus der Regelstrecke „Fahrzeug" liegen dem geregelten Anteil zugrunde. Die Teilsollwerte werden an einem Summenpunkt zusammengeführt.
Sie modifizieren die Reaktion der Regelstrecke „Fahrzeug" auf Lenkeingaben des Fahrers. Diese Lenk-eingriffe sind in der Regel kontinuierlich und werden somit vom Fahrer nicht als störend wahrgenommen.

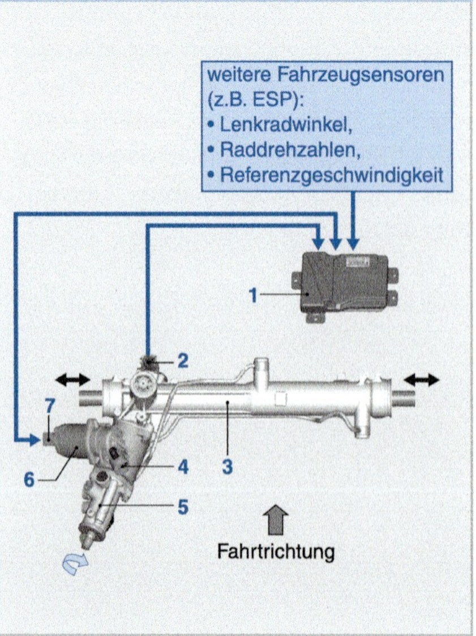

Bild 3
1 Elektronisches Steuergerät
2 Ritzelwinkelsensor
3 Unterbau
4 Sperre
5 Servotronic-2-Ventil
6 Steller-Baugruppe
7 Motorwinkelsensor

Zusammenwirken mit Fahrstabilisierungssystemen

Im Vergleich zur bekannten Fahrstabilisierung durch Radschlupfregelung weist die Fahrstabilisierung über den Lenkeingriff an der Vorderachse ein anderes Eigenschaftsprofil auf:
- Der Lenkeingriff ist für den Fahrer weniger bemerkbar als der auch akustisch deutlich wahrnehmbare Bremseingriff.
- Der Lenkeingriff ist schneller als ein radialer Bremseingriff, der eine gewisse Schwellzeit zum Druckaufbau benötigt.
- In der Stabilisierungsleistung ist der Bremseneingriff der Lenkung überlegen.

Durch die Kombination von Aktivlenkung (Lenkeingriff) und Radschlupfregelung (Bremseingriff) wird eine optimale Fahrstabilisierung erreicht.

Sicherheitskonzept

Muss der Stellmotor aufgrund eines Fehlers abgeschaltet werden, wird dieser Pfad mechanisch blockiert. Das Planetengetriebe wälzt dann intern bei blockiertem Schneckenrad ab, das Fahrzeug bleibt uneingeschränkt und mit einer konstanten Übersetzung lenkbar. Bei der Aktivlenkung ist somit bei einem Ausfall der mechanische „Durchgriff" möglich. Dies ist ein großer Vorteil zu reinen „steer by wire"-Systemen. Alle relevanten Eingangssignale werden bei der Aktivlenkung durch redundante Sensoren oder Messungen abgesichert. Die Berechnung des Sollsignals im Steuergerät erfolgt durch zwei verschiedene Prozessoren. Die Umsetzung des Sollsignals im elektromechanischen Wandler ist zwar nur einkanalig realisiert, durch die Wahl eines BLDC-Motors ist jedoch keine unerwünschte Stellbewegung in fahrdynamisch relevanter Größenordnung möglich.

Das Sicherheitskonzept wird durch ein angepasstes Abschaltkonzept ergänzt. Die Funktionsabschaltungen reichen von der temporären oder dauernden Ausblendung der Fahrstabilisierung über einen eingeschränkten Fahrbetrieb mit Ersatzwerten bis hin zur kompletten Abschaltung des gesam-

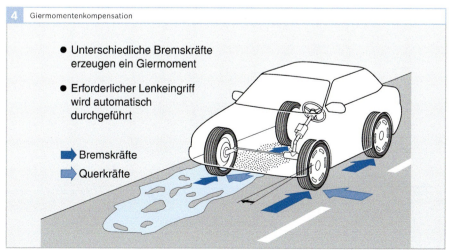

Bild 4
Beispiel: Bremsung auf inhomogener Fahrbahn

ten Systems. Die Zustandsübergänge sind hier vergleichbar mit bekannten und beherrschbaren Störungen, wie etwa durch Seitenwind oder Spurrillen in der Fahrbahn.

Die Aktivlenkung bedarf keiner zusätzlicher Bedienelemente, da alle Teilfunktionen beim Motorstart automatisch aktiviert werden. Wenn der Verbrennungsmotor nicht arbeitet (beim Abschleppen), wird die Aktivlenkung analog zur konventionellen Servolenkung deaktiviert. Solche Situationen werden durch eine Kammerleuchte im Kombiinstrument angezeigt.

Nutzen der Aktivlenkung für den Fahrer

- Fahrfehler werden so ausgeglichen oder korrigiert, dass der Fahrer nicht von der Reaktion des Fahrzeugs überrascht wird.
- Die von der Fahrsituation abhängige Lenkübersetzung bringt Arbeitserleichterung beim Rangieren, da bei gleichem Kraftaufwand eine geringere Anzahl von Lenkradumdrehungen benötigt wird.
- Komfortgewinn bei hohen Geschwindigkeiten, da der Fahrer nicht mehr befürchten muss, durch versehentlich zu starke Lenkbewegung die Kontrolle über das Fahrzeug zu verlieren.
- Der Lenkvorhalt, Steering Lead genannt, ist ein weiteres Komfortmerkmal. Er ermöglicht ein agileres Ansprechen auf den Lenkbefehl.

springer-vieweg.de

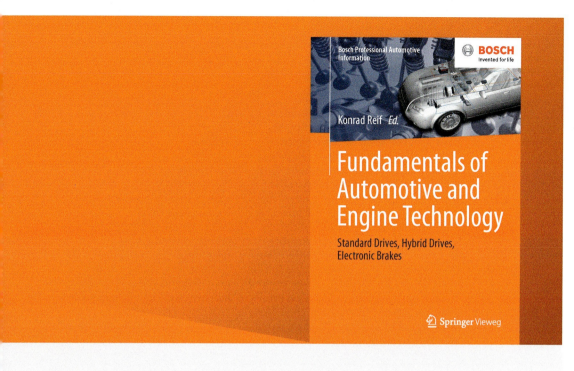

Konrad Reif (Ed.)
Fundamentals of Automotive and Engine Technology
2014. 267 p. 306 illus. in color.
Softcover € 49,99
ISBN 978-3-658-03971-4

Bosch Professional Automotive Information is a definitive reference for automotive engineers. The series is compiled by one of the world´s largest automotive equipment suppliers. All topics are covered in a concise but descriptive way backed up by diagrams, graphs, photographs and tables enabling the reader to better comprehend the subject. There is now greater detail on electronics and their application in the motor vehicle, including electrical energy management (EEM) and discusses the topic of inter-system networking within vehicle. The series will benefit automotive engineers and design engineers, automotive technicians in training and mechanics and technicians in garages.

Automotive Networking, Driving Stability Systems, Electronics
2014. 532 p. 657 illus. in color.
Softcover € 49,99
ISBN 978-3-658-03974-5

Brakes, Brake Control and Driver Assistance Systems
2014. 267 p. 306 illus. in color.
Softcover € 49,99
ISBN 978-3-658-03977-6

Bosch Automotive Electrics and Automotive Electronics
5th ed. (Reprint) 2014. IX, 521 p. 595 illus. in color.
Softcover € 49,99
ISBN 978-3-658-01783-5

Gasoline Engine Management
2014. 334 p. 336 illus. in color.
Softcover € 49,99
ISBN 978-3-658-03963-9

Diesel Engine Management
2014. 357 p. 351 illus. in color.
Softcover € 49,99
ISBN 978-3-658-03980-6

€ (D) sind gebundene Ladenpreise in Deutschland und enthalten 7% MwSt. € (A) sind gebundene Ladenpreise in Österreich und enthalten 10% MwSt. Die mit * gekennzeichneten Preise sind unverbindliche Preisempfehlungen und enthalten die landesübliche MwSt. Preisänderungen und Irrtümer vorbehalten.

Bestellungen unter: SpringerDE-service@springer.com oder Telefon +49 (0)6221 / 3 45 – 4301

Jetzt bestellen: springer-vieweg.de

Einparksysteme

Bei nahezu allen Fahrzeugen ist die Sicht beim Rangieren stark eingeschränkt. Dies liegt vor allem an den modernen Fahrzeugkarosserien, mit denen möglichst niedrige Luftwiderstandsbeiwerte erreicht werden, um den Kraftstoffverbrauch zu reduzieren. In der Regel entsteht dadurch eine leichte Keilform. Vorhandene Hindernisse sind somit häufig nur schlecht oder überhaupt nicht erkennbar. So sieht der Durchschnittsfahrer beim Blick durch die Heckscheibe die Straßenoberfläche erst in einem Abstand von 8...10 m. Auch direkt vor dem Fahrzeug befindliche Hindernisse entziehen sich dem Blick des Fahrers, da sie durch den Fahrzeugvorbau verdeckt werden.

Einparkhilfe

System
Um die Sicht des Fahrers um eine „elektronische Sicht" zu erweitern, sind Einparkhilfen auf Basis von Ultraschallsensoren (s. Kapitel „Sensorik für Fahrerassistenzsysteme") gut geeignet. Sie haben mittlerweile hohe Akzeptanz gefunden.

Einparkhilfen überwachen einen Bereich von ca. 20...250 cm hinter oder vor dem Fahrzeug (Bild 1). Andere Fahrzeuge und Hindernisse werden erkannt und durch optische und/oder akustische Mittel (Warnelemente) angezeigt.

Es gibt verschiedene Ausführungsformen der Einparkhilfe. Einfache Systeme nutzen drei oder vier Sensoren am Fahrzeugheck, aufwändigere Lösungen setzen bis zu 12 Sensoren am Fahrzeug ein (sechs vorn, sechs hinten). Hierbei kann durch Anbringung von Sensoren an den Fahrzeugecken auch eine wirkungsvolle Eckenabsicherung realisiert werden.

Neben den Ultraschallsensoren besteht das Gesamtsystem noch aus den Komponenten Steuergerät und Warnelement. Die Aktivierung des Systems erfolgt selbsttätig mit dem Einlegen des Rückwärtsgangs bzw. bei Systemen mit zusätzlicher Frontabsicherung mit dem Unterschreiten einer Geschwindigkeitsschwelle von ca. 15 km/h. Während des Betriebes gewährleistet die Selbsttestfunktionalität eine permanente Überwachung aller Systemkomponenten.

Komponenten
Ultraschallsensor
Die Sensoren der Einparkhilfe arbeiten nach dem Echolotverfahren. Sie senden Ultraschallimpulse von ca. 43,5 kHz aus und empfangen anschließend das Echo der an Hindernissen reflektierten Schallwellen. Aus der Laufzeit von Sende- und Empfangssignal ergibt sich der Abstand zum Hindernis.

Bild 2 zeigt eine Ausführung eines Ultraschallsensors der 4. Generation.

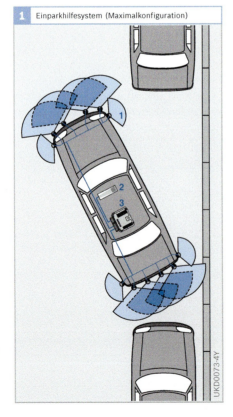

Bild 1
1. Ultraschallsensoren
2. Warnelement (optisch und akustisch)
3. Steuergerät

Einparkhilfesystem (Maximalkonfiguration)

Einbau
Spezifisch angepasste Einbauhalter fixieren die Sensoren an den jeweiligen Positionen innerhalb des Stoßfängers. Für die Erstausrüstung werden die Halterungen in den Stoßfänger integriert. Bild 3 zeigt ein Einbaubeispiel.

Der kurze Aufbau des Sensors kommt insbesondere den erhöhten Anforderungen an den Fußgängerschutz im Bereich der Stoßfänger entgegen, da er das Eintauchen des Sensors nach innen bei einem Unfall begünstigt.

Detektionscharakteristik
Um einen möglichst großen Bereich erfassen zu können, muss die Detektionscharakteristik im horizontalen Bereich besonders breit sein um möglicht viele Hindernisse zu erfassen, im vertikalen Erfassungsbereich hingegen relativ schmal, um störende Bodenechos zu vermeiden. Der horizontale Erfassungswinkel beträgt ± 60°, der vertikale ± 30°.

Steuergerät
Das Steuergerät enthält eine Spannungsstabilisierung für die Sensoren und den eingebauten Mikroprozessor (µC) sowie alle erforderlichen Interfaceschaltungen zur Anpassung der unterschiedlichen Ein- und Ausgangssignale (Bild 4). Die Software übernimmt folgende Aufgaben:

- Sensoransteuerung und Echoempfang,
- Laufzeitauswertung und Berechnung des Hindernisabstands,
- Ansteuerung der Warnelemente,
- Auswertung der Eingangssignale,
- Überwachung der Systemkomponenten,
- Fehlerspeicherung und Diagnose.

Warnelemente
Über die Warnelemente wird der Abstand zu einem Hindernis angezeigt. Ihre Ausführung ist fahrzeugspezifisch geprägt und besteht in der Regel aus einer Kombination von akustischer und optischer Anzeige. Aktuell kommen optische Anzeigen sowohl mit LED- als auch in LCD-Technik zum Einsatz.

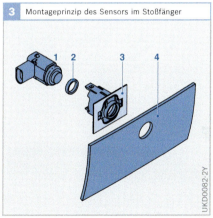

3 Montageprinzip des Sensors im Stoßfänger

Bild 3
1 Sensor
2 Entkopplungsring
3 Einbaugehäuse
4 Stoßfängerhaut

2 Ultraschallsensor der 4. Generation

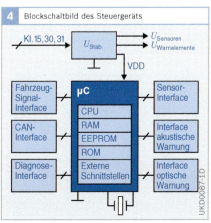

4 Blockschaltbild des Steuergeräts

Bild 2
Sensorausführung mit abgewinkeltem Stecker

In dem in Bild 5a gezeigten Beispiel eines Warnelements ist die Anzeige des Abstandes zum Hindernis in mehrere Hauptbereiche eingeteilt (Tabelle 1).

Tabelle 1 Bereiche der Abstandsanzeige (Beispiel)

Bereich	Abstand	Optische Anzeige (LED)	akustische Anzeige
I	< 1,5 m	grün	Intervallton
II	< 1,0 m	grün + gelb	Intervallton
III	< 0,5 m	grün + gelb + rot	Dauerton
IV	< 0,3 m	alle LEDs blinken	Dauerton

Abstandsberechnung

Der Einbauwinkel und die Abstände der Sensoren zueinander werden fallweise und fahrzeugspezifisch ermittelt. Die Geometriedaten des Fahrzeugs werden im Steuergerät in einem Speicher abgelegt. Da der einzelne Sensor lediglich eine direkte Entfernungsmessung ohne Richtungsinformation durchführen kann, wird zur Berechnung des kürzesten Abstandes zwischen Fahrzeug und Hindernis eine Triangulationsrechnung durchgeführt (Bild 6). In diese Rechnung fließen die Geometriedaten des jeweiligen Fahrzeugs ein.

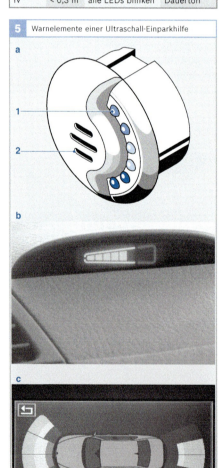

Bild 5 Warnelemente einer Ultraschall-Einparkhilfe
a Beispiel eines Warnelements
1 LED-Warnleuchte
2 Lautsprecher

b Warnelement in der Mercedes S-Klasse
c Grafikdisplay im 5er-BMW oberhalb der Mittelkonsole

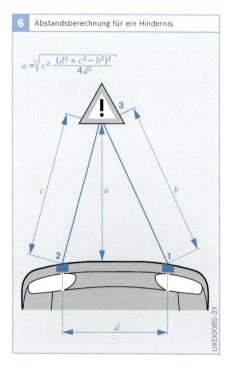

Bild 6 Abstandsberechnung für ein Hindernis

$$a = \sqrt{c^2 - \frac{(d^2 + c^2 - b^2)^2}{4d^2}}$$

a Abstand Stoßfänger – Hindernis
b Abstand Sensor 1 – Hindernis
c Abstand Sensor 2 – Hindernis
d Abstand Sensor 1 – Sensor 2
1 Ultraschallsensor
2 Ultraschallsensor
3 Hindernis

Einparkassistent

Der Bosch-Einparkassistent basiert auf der Ultraschall-Einparkhilfe und ist evolutionär in Stufen konzipiert. Jede Stufe stellt eine eigenständige Funktion dar und besitzt für sich allein einen hohen Kundennutzen. Hierzu wird das System durch Hinzufügen eines zusätzlichen Sensors pro Fahrzeugseite erweitert. Die Signale dieses zusätzlichen Sensors werden durch zusätzliche Softwaremodule im Steuergerät des Einparkhilfesystems verarbeitet. Die Anzeige erfolgt über einen (bereits vorhandenen) Bildschirm oder im Grafikdisplay des Kombiinstruments.

Stufe 1: Parklückenvermessung

Nach Aktivierung des Systems durch den Fahrer misst dieser zusätzliche Sensor die Länge der Parklücke aus. Nach einem Vergleich des Messwertes mit den Signalen des Radimpulszählers zur Plausibilisierung gibt das System ein Signal an den Fahrer, ob die Parklücke lang genug ist. Sollte sich ein Hindernis in der Parklücke befinden, wird es erkannt und der Fahrer erhält einen entsprechenden Hinweis. Bild 7 zeigt das Prinzip der Parklückenvermessung, in Bild 8 ist ein Beispiel für die Ausgestaltung der Mensch-Maschine-Schnittstelle (HMI, Human Machine Interface) dargestellt.

Stufe 2: Informierender Einparkassistent

In einem zweiten Entwicklungsschritt wird dem Fahrer nach dem Ausmessen der Länge der Parklücke während des Einparkvorgangs eine Empfehlung gegeben, wie er das Lenkrad optimal einschlagen sollte, um möglichst glatt in die Lücke einzuparken. Hierzu berechnet der Mikrocomputer im Steuergerät aus den Signalen des gleichen zusätzlichen Ultraschallsensors die optimale Trajektorie zum Einparken (Bild 9, nächste Seite). Während des Einparkvorgangs wird die Trajektorie ständig nachberechnet und im Display angezeigt (Bild 10). Aus der Einparkhilfe wird so der Einparkassistent.

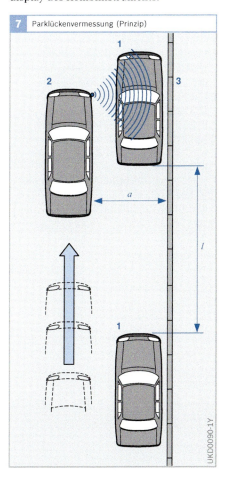

7 Parklückenvermessung (Prinzip)

8 Grafische Darstellung der Parklückenvermessung

Bild 7
1 Geparkte Fahrzeuge
2 einparkendes Fahrzeug
3 Parkfront

a gemessener Abstand
l Länge der Parklücke

Bild 9
1 Geparkte Fahrzeuge
2 einparkendes Fahrzeug
3 Parkfront

l Länge der Parklücke

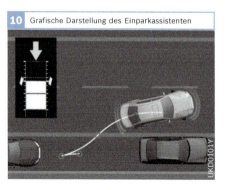

Stufe 3: Der lenkende Einparkassistent

Die dritte Evolutionsstufe wird durch ein System mit elektrischer Lenkungsbetätigung gebildet. Der Fahrer kann nach dem Ausmessen der Parklückenlänge und dem Einlegen des Rückwärtsgangs die Hände in den Schoß legen. Er muss nur noch Gas geben und bremsen. Das Lenken übernimmt der Computer. Voraussetzung hierfür ist, dass das Fahrzeug über eine elektrisch betätigte Servolenkung verfügt. Dies ist bereits bei einigen Serienfahrzeugen der oberen Mittelklasse der Fall.

Vorteile des Einparkassistenten

Durch den geringen Zusatzaufwand an Hardware ergibt sich für alle Ausbaustufen des Einparkassistenten ein Kundennutzen mit sehr gutem Preis-Leistungsverhältnis:
▶ Längseinparken wird nahezu kinderleicht, auch für den ungeübten Autofahrer.
▶ Das Risiko für Parkschäden wird deutlich reduziert.
▶ Erfolglose Einparkversuche werden weitgehend vermieden. Das Fahrzeug wird schnell aus dem fließenden Verkehr entfernt.
▶ Parklücken, die bisher vom Fahrer als zu knapp eingeschätzt wurden, werden durch den Einparkassistenten erschlossen.

Verkehrsstau

Entstehen von Verkehrsstaus

In den letzten 40 Jahren ist das Straßennetz in Deutschland um ca. 20 % gewachsen, die Fahrleistungen auf diesen Verkehrswegen hat sich dagegen verachtfacht. Die Verkehrsdichte auf den Autobahnen ist so hoch, dass Störungen, z. B. Unfälle oder Baustellen, unweigerlich Staus verursachen.

Das Phänomen Stau wird von Instituten und Hochschulen wissenschaftlich untersucht. Das Nagel-Schreckenberg-Modell, Anfang der 1990er-Jahre entwickelt, ist ein theoretisches Modell zur Simulation des Straßenverkehrs. Mit Hilfe mathematischer Formeln liefert es Voraussagen insbesondere für die Verkehrsdichte (Fahrzeuge je Streckenabschnitt) und den Verkehrsfluss (vorbeifahrende Fahrzeuge pro Zeiteinheit). Das Modell erklärte das erste Mal den „Stau aus dem Nichts" als Folge von hoher Verkehrsdichte und Überreaktion beim Bremsen. Lokal entstehende Verkehrsbehinderungen, die sich bei geringer Verkehrsdichte schnell wieder auflösen, treten bei hoher Verkehrsdichte in Beziehung zueinander und verbinden sich zu einem längeren Stau, der entgegen der Fahrtrichtung mit einer Geschwindigkeit von ungefähr 15 km/h wandert (Bild).

Der maximal mögliche Durchfluss beträgt erfahrungsgemäß rund 2 500 Fahrzeuge pro Stunde und Fahrbahn. Bei höherem Verkehrsaufkommen kommt es zum Stau, obwohl keine offensichtlichen Hindernisse die freie Fahrt einschränken. Die Geschwindigkeit, bei der am meisten Fahrzeuge durchgeschleust werden können, wäre theoretisch die Höchstgeschwindigkeit. Da wegen der großen Geschwindigkeitsdifferenzen der Fahrzeuge diese häufiger bremsen und den Verkehrsfluss behindern, wird für die Praxis oft 85 km/h als Geschwindigkeit mit maximalem Durchfluss angegeben.

Stauvorhersagen

Für das Bundesland Nordrhein-Westfalen kann die aktuelle Verkehrslage auf allen Autobahnen im Internet abgefragt werden (www.autobahn.nrw.de). Das Simulationsmodell, das hierzu eingesetzt wird, nutzt u. a. die Daten über das Verkehrsaufkommen und die Geschwindigkeit der Fahrzeuge. Diese Daten werden minütlich von ca. 4 000 an den Autobahnen installierten automatischen Erfassungsanlagen bereitgestellt.

Mit Hilfe eines physikalischen Modells kann nicht nur der tatsächliche Verkehr simuliert werden, es gibt auch eine Vorhersage der Verkehrslage für die kommenden 30 und 60 Minuten. Hieraus kann die Simulation die Fahrzeit für einen abgefragten Streckenabschnitt voraussagen – die Größe, die letztendlich für den Autofahrer aussagekräftiger ist als die Staulänge.

Stausimulation

Wie sich ein Stau infolge von Fahrzeugen, die an einer Autobahneinfahrt einscheren, bilden kann, zeigt der Stausimulator, der im Internet unter
www.traffic-simulation.de
aufgerufen werden kann. Mit dem Simulator können mehrere Szenarien mit verschiedenen Parametern durchgespielt werden. Der Stau aus dem Nichts lässt sich mit der Simulation nachbilden, indem man die Verkehrsdichte erhöht.

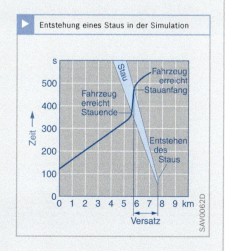

Entstehung eines Staus in der Simulation

Adaptive Cruise Control (ACC)

Die adaptive Fahrgeschwindigkeitsregelung (ACC, Adaptive Cruise Control) ist eine Weiterentwicklung der konventionellen Fahrgeschwindigkeitsregelung, die eine konstante Fahrgeschwindigkeit einstellt. ACC überwacht mittels eines Radarsensors den Bereich vor dem Fahrzeug und passt die Geschwindigkeit den Gegebenheiten an. ACC reagiert auf langsamer vorausfahrende oder einscherende Fahrzeuge mit einer Reduzierung der Geschwindigkeit, sodass der vorgeschriebene Mindestabstand zum vorausfahrenden Fahrzeug nicht unterschritten wird. Hierzu greift ACC in Antrieb und Bremse ein. Sobald das vorausfahrende Fahrzeug beschleunigt oder die Spur verlässt, regelt ACC die Geschwindigkeit wieder auf die vorgegebene Sollgeschwindigkeit ein (Bild 1). ACC steht somit für eine Geschwindigkeitsregelung, die sich dem vorausfahrenden Verkehr anpasst.

Systemübersicht

Aufgabe

Die zentrale Aufgabe des Radarsensors mit integrierter Elektronik ist das Erkennen von Objekten und deren Zuordnung zur eigenen oder fremden Fahrspur. Diese Spurzuordnung verlangt einerseits eine genaue Erfassung vorausfahrender Fahrzeuge (hohe Winkelauflösung und -genauigkeit) und andererseits eine genaue Kenntnis der eigenen Fahrzeugbewegung. Letztere wird aus den Signalen von Sensoren, die auch für das Elektronische Stabilitätsprogramm (ESP) verwendet werden, berechnet (Kursprädiktion).

Die Entscheidung, welches der erkannten Objekte zur Abstandsregelung herangezogen wird, ergibt sich im Wesentlichen aus dem Vergleich der Positionen und Bewegungen der erkannten Objekte mit den Bewegungsdaten des eigenen Fahrzeugs.

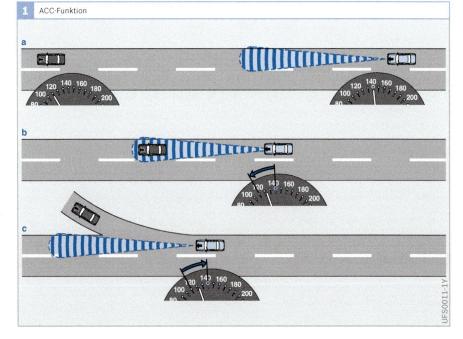

Bild 1
a Annäherung an ein vorausfahrendes Fahrzeug bei Fahren mit Konstantgeschwindigkeit (Wunschgeschwindigkeit)
b Abbremsen und Hinterherfahren hinter langsamerem Fahrzeug
c nach Abbiegen des vorausfahrenden Fahrzeugs Beschleunigen und Wiederaufnahme der ursprünglich eingestellten Wunschgeschwindigkeit

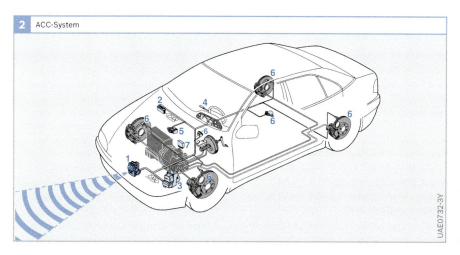

Bild 2
1 ACC Sensor & Control Unit
2 Motormanagement-Steuergerät (Motronic bei Ottomotoren bzw. EDC bei Dieselmotoren)
3 aktiver Bremseingriff über ESP
4 Bedien- und Anzeigeeinheit
5 Motoreingriff über elektrisch verstellbare Drosselklappe (bei Motronic)
6 Sensoren
7 Getriebeeingriff über elektronische Getriebesteuerung (optional)

Arbeitsweise

Das ACC-System misst den Abstand, die Relativgeschwindigkeit und die seitliche Lage von vorausfahrenden Fahrzeugen. Dazu sendet der Radarsensor (Radio Detection and Ranging, Erkennung und Entfernungsmessung mit Radiowellen) Wellenpakete von mm-Wellen aus. Für den Einsatz im Straßenverkehr aller wichtigen Automobilmärkte ist dazu das Frequenzband 76...77 GHz (Wellenlänge ≈ 4 mm) freigegeben worden.

Eine der Basisfunktionen ist zunächst die herkömmliche Fahrgeschwindigkeitsregelung, bei der eine einmal eingestellte Sollgeschwindigkeit konstant gehalten wird (Tempomatfunktion). Diese ist immer dann aktiv, wenn kein vorausfahrendes Fahrzeug detektiert wird, das langsamer fährt als die vom Fahrer eingestellte Wunschgeschwindigkeit.

Wird nun aber im Detektionsbereich des Radars (bis etwa 200 m) ein Fahrzeug erkannt, das die Fortsetzung der Fahrt mit der Wunschgeschwindigkeit behindert, wird die Geschwindigkeit an die des vorausfahrenden Fahrzeugs angepasst. Bei leichten Geschwindigkeitsdifferenzen kann dies allein durch die Wegnahme von Gas geschehen, bei größeren Differenzen ist hierzu ein Bremseingriff notwendig. Ist der Geschwindigkeitsausgleich geschehen, folgt das ACC-Fahrzeug dem vorausfahrenden Fahrzeug mit weitgehend konstantem Abstand.

Für die Bedienung des ACC sind Schalter, Taster oder Drehrädchen vorhanden. Damit kann die Funktion aktiviert sowie Wunschgeschwindigkeit und Wunschzeitlücke eingestellt werden. Im Kombiinstrument werden die eingestellten Werte und weitere ACC-Informationen (z. B. Folgemodus) angezeigt.

Die größte technische Herausforderung für die Signalverarbeitung innerhalb des ACC-Steuergeräts stellt die Auswahl des „richtigen" Zielfahrzeugs dar. So gilt es zunächst aus den vielen Radarreflexionen diejenigen wiederzuerkennen, die zu vorher erkannten vorausfahrenden Fahrzeugen gehören. Dann ist abzuschätzen, ob diese Fahrzeuge auch wirklich in der gleichen Spur fahren. Diese Frage ist wegen des begrenzten seitlichen Auflösungsvermögen des Radarsensors (± 8°) insbesondere vor und in Kurven nicht mehr einfach zu lösen, obwohl die Sensoren der Fahrdynamikregelung (Elektronisches Stabilitätsprogramm, ESP) wichtige Vergleichsgrößen liefern.

Der Fahrer kann die ACC-Funktion jederzeit durch eigene Eingriffe übersteuern oder abschalten (z. B. durch Betätigung von Gas- oder Bremspedal).

Systemverbund

Eingriffe im Systemverbund
Für die Veränderung und Regelung der Geschwindigkeit wird auf bestehende, allerdings für ACC modifizierte Subsysteme zurückgegriffen (Bild 3).

Motoreingriff
Das ACC-System benötigt eine Eingriffsmöglichkeit in die Motorsteuerung, um einen Sollbeschleunigungs- bzw. Sollmomentwunsch über die Motorsteuerung umsetzen zu können.

Motormanagementsysteme mit elektronischer Momentensteuerung (z.B. Motronic für Ottomotoren, EDC für Dieselmotoren) können das Antriebsmoment über das elektronisches Gaspedal (EGAS) unabhängig vom Fahrer beeinflussen. Damit ist es möglich, ohne Kenntnis von Motorkennfeldern den Antriebsstrang auf Basis von Motordrehmomenten anzusteuern. Das Fahrzeug kann auf die Wunschgeschwindigkeit beschleunigt bzw. bei Auftauchen eines Hindernisses durch automatisches Gaswegnehmen verzögert werden.

Bremseneingriff
Bremssysteme
Reicht die Verzögerung durch Gaswegnehmen nicht aus, muss das Fahrzeug abgebremst werden. Hierzu ist z.B. ein aktiver Booster (elektronisch gesteuertes Verschieben des Pedalgestänges) oder ein Elektronisches Stabilitätsprogramm (ESP) erforderlich, das mittels elektronischer Bremsmodulation mit aktivem Druckaufbau einen Bremseneingriff vornehmen kann. Für die Bremslichtansteuerung wird zum bestehenden, vom Pedal ausgelösten Bremslichtschalter ein weiteres Schaltsignal erzeugt, damit auch bei einer aktiven Bremsung das Bremslicht leuchtet.

Gänzlich ohne Zusatzhardware kommt die elektrohydraulische Bremse (Sensotronic Brake Control, SBC) aus. Sie ist als Brake-by-wire-System geradezu ideal für ACC. Die ACC-Anforderung ist für dieses System nur ein zusätzlicher Sollwertzweig.

Bremsverzögerung mit ACC
Aufgrund der Auslegung des ACC als Komfortsystem wird die vom ACC-Regler berechnete Verzögerung bei derzeitigen

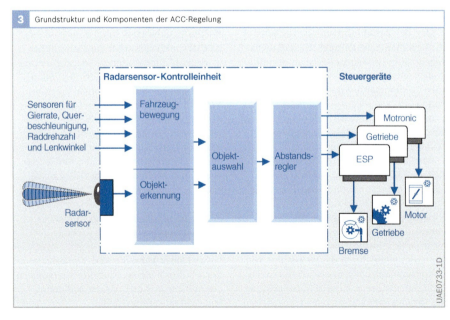

3 Grundstruktur und Komponenten der ACC-Regelung

ACC-Systemen auf ca. 2...3 m/s² begrenzt. Sollte diese aufgrund der aktuellen Verkehrssituation nicht ausreichen (z. B. bei stark bremsendem vorausfahrenden Fahrzeug), erfolgt eine akustische, zuweilen auch optische Übernahmeaufforderung an den Fahrer („Take over request"). Dieser muss dann die entsprechende Verzögerung über die Betriebsbremse einleiten. Sicherheitsfunktionen wie Notbremsung sind im ACC nicht enthalten.

Falls notwendig, werden auch während einer aktivierten ACC-Regelung die stabilisierenden Systeme ABS (Antiblockiersystem), ASR (Antriebsschlupfregelung) oder ESP (Elektronisches Stabilitätsprogramm) in gewohnter Weise aktiv. Je nach Parametrierung des ACC führen Stabilisierungseingriffe zur Abschaltung des ACC.

Getriebeeingriff
Wünschenswert für den vollen Komfort ist die Kombination von ACC mit einer Getriebeautomatik. Die Automatik schaltet weicher und schneller als dies von Hand möglich ist und erhöht damit den Fahrkomfort deutlich.

Systemarchitektur
Da es sich bei ACC um eine Funktion über mehrere Subsysteme hinweg handelt, kommt der Systemarchitektur eine Schlüsselrolle zu. Nur mit einer geeigneten Systemarchitektur lassen sich die Teilfunktionen miteinander so verknüpfen, dass sich eine harmonische und sichere Gesamtfunktion ergibt. Eine besondere Herausforderung an die Systemarchitektur ergibt sich aus dem Umstand, dass die beteiligten Subsysteme oft von verschiedenen, häufig im Wettbewerb stehenden Zulieferern entwickelt werden und z. T. im gleichen Fahrzeugmodell variieren.

Datenaustausch im Systemverbund
Bild 4 gibt einen Überblick über die beteiligten Partnersysteme, die für die ACC-Gesamtfunktion notwendig sind:
▶ Die Umsetzung der ACC-Sollwerte zur Längsbeschleunigung erfolgt durch die Motorsteuerung bzw. das Bremssystem. Umgekehrt benötigt ACC von diesen Partnersystemen Informationen zum Fahrzeugzustand, wie z. B. Fahrgeschwindigkeit, Fahrzeugbeschleuni-

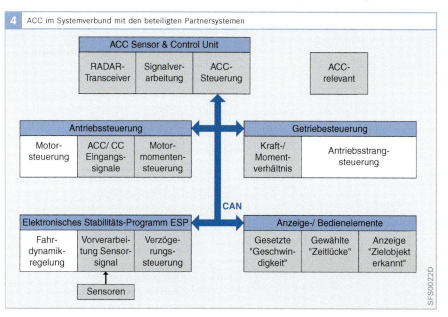

4 ACC im Systemverbund mit den beteiligten Partnersystemen

gung, Drehbewegung des Fahrzeugs, aktuelles Motormoment usw.
- ACC erhält die Informationen zum Fahrerwunsch (gesetzte Geschwindigkeit, gewählte Zeitlücke) über die Bedienelemente. Die Informationen für den Fahrer werden über Anzeigeelemente ausgegeben.
- Die Getriebesteuerung wird von ACC nicht als Aktorsystem genutzt. Allerdings werden Informationen von der Getriebesteuerung zum aktuell wirkenden Kraft-/Momentverhältnis des Getriebes benötigt.

ACC ist also kein autarkes System, sondern basiert auf der Vernetzung der verschiedenen beteiligten Partnersysteme. Für die Datenübermittlung wird der Steuergerätebus CAN (Controller Area Network) eingesetzt. Dieser verbindet Motorsteuerung, Getriebesteuerung, ESP, Kombiinstrument und Bedienelemente. Oftmals sind auch noch weitere Geräte (z. B. Sensoren, sofern deren Signale nicht vom ESP-Steuergerät geliefert werden) angeschlossen oder über Gateway-Funktionen erreichbar.

Die Sensorsignale der einzelnen Steuergeräte stehen als physikalische Größen allen am Netz befindlichen Steuergeräten zur Verfügung.

Sensorik für ACC

Abstandsradar

Zum Erfassen vorausfahrender Fahrzeuge und Messen des Abstands und der Geschwindigkeit dieser Fahrzeuge wird ein Abstandssensor benötigt. ACC-Systeme verfügen derzeit zumeist über einen Long-Range-Radarsensor (s. Kapitel *Sensorik für Fahrerassistenzsysteme*), der in einem Frequenzbereich zwischen 76 und 77 GHz arbeitet.

Die Baueinheit enthält neben der Sensorfunktion auch die Regler-Logik für ACC und trägt daher die Bezeichnung *ACC-SCU, Sensor & Control Unit* (Sensor- und Steuereinheit).

ACC tastet nach seiner Aktivierung den Bereich bis ca. 200 m vor dem Fahrzeug ab. Die von vorausfahrenden Fahrzeugen reflektierten Radarstrahlen werden bezüglich Laufzeit, Dopplerverschiebung und Amplitudenverhältnis analysiert. Daraus werden Abstand, Relativgeschwindigkeit und Winkellage zu vorausfahrenden Fahrzeugen berechnet.

Kurvensensorik

Bei den bekannten ACC-Systemen werden für die Beschreibung der Fahrzeugtrajektorie ESP-Sensorensignale verwendet. Die Messgrößen werden hierbei typischerweise über CAN von einem ebenfalls im Fahrzeug vorhandenen ESP-Steuergerät an das ACC-Steuergerät übertragen, um Zusatzkosten für eine exklusive Sensorik für ACC zu vermeiden. Folgende ESP-Sensoren sind bekannt und im Einsatz:
- *Drehratesensor*:
  Der Drehratesensor (Gierratesensor) erfasst die Drehbewegung des Fahrzeugs um seine Hochachse. Das physikalische Messprinzip beruht auf der Messung der Corioliskraft auf eine schwingende Masse unter dem Einfluss einer Drehbewegung.
- *Lenkradwinkelsensor*:
  Aus dem Lenkradwinkel schließt ESP auf den vom Fahrer gewünschten Soll-

kurs. Der Lenkradwinkelsensor misst den Drehwinkel des Lenkrads. Je nach Aufgabenstellung messen diese Sensoren über Schleifkontakt (potenziometrisch) oder berührungslos (optische oder magnetische Messprinzipien).
► *Querbeschleunigungssensor*:
Der Querbeschleunigungssensor misst die auf das Fahrzeug quer zur Fahrtrichtung wirkende Beschleunigung. Das physikalische Messprinzip beruht auf der Messung der Auslenkung einer elastisch gelagerten Masse bei wirkenden Trägheitskräften quer zur Fahrzeuglängsachse.
► *Raddrehzahlsensoren*:
Aus den Signalen der Drehzahlsensoren leitet das zugehörige Steuergerät die Drehgeschwindigkeit der Räder (Raddrehzahl) ab. Hierzu wird bei Systemen mit aktiven Drehzahlsensoren ein Multipolring mit der Radnabe verbunden. Am Umfang des Multipolrings sind Magnete mit wechselnder Polarität angeordnet. Ein Hall-Sensor ist so montiert, dass sich beim Drehen des Rades die Magnete an ihm vorbei bewegen. Der Sensor misst die Änderung des magnetischen Flusses, die sich beim Drehen ergibt.

Detektion und Objektauswahl

Radarsignalverarbeitung

Fourier-Transformation

Alle gleichzeitig georteten Objekte (z. B. verschiedene Fahrzeuge) erzeugen charakteristische Signalanteile, deren Frequenzen aus dem Abstand und der Relativgeschwindigkeit und deren Amplitude aus den Reflexionseigenschaften dieser Objekte resultieren. Alle Signalanteile überlagert ergeben das Empfangssignal.

Nach der Analog-digital-Wandlung der Empfangssignale erfolgt zunächst eine Spektralanalyse zur Bestimmung von Abstand und Relativgeschwindigkeit der Objekte. Dazu gibt es einen leistungsfähigen Algorithmus (Rechenvorgang), der als FFT (Fast Fourier Transformation) bekannt ist. Er wandelt eine Folge von äquidistant (gleiche Abstände aufweisenden) abgetasteten Zeitsignalwerten in eine Folge von spektralen Leistungsdichtewerten und zwar mit äquidistanten Frequenzintervallen (Bild 5).

Das berechnete Spektrum weist bei den Frequenzen besonders hohe Leistungsdichtewerte auf, die den Radarechos zugeordnet sind. Darüber hinaus beinhaltet das Spektrum auch Rauschsignalanteile, die im Sensor entstehen und dem Nutzsignal der Zielobjekte überlagert sind.

Die spektrale Auflösung ist durch die Anzahl der Abtastwerte und der Abtastrate definiert.

Detektion von Hindernissen

Die Detektion ist die Suche nach den charakteristischen Frequenzsignalen der Radarobjekte. Wegen der stark unterschiedlichen Signalstärken der verschiedenen Objekte, aber auch desselben Objekts zu verschiedenen Zeiten, wird der ACC-Radarsensor verwendet. Er muss einerseits möglichst alle von realen Objekten stammenden Signale finden. Andererseits muss er aber unempfindlich gegen Signalanteile sein, die durch Rauschen

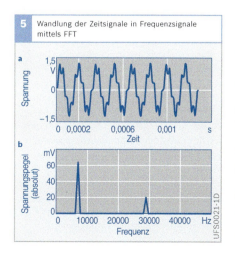

Bild 5 Wandlung der Zeitsignale in Frequenzsignale mittels FFT
a Zeitsignal
b Frequenzsignal

oder Störsignale entstanden sind. So ist das im Radar selbst entstehende Rauschsignal im Spektrum nicht konstant, sondern frequenz- und zeitabhängig.

Für jedes Spektrum wird zunächst eine Rauschanalyse durchgeführt. Abhängig von der spektralen Verteilung der Rauschleistung wird eine Schwellwertkurve festgelegt. Nur Signalspitzenwerte, die oberhalb dieser Schwelle liegen, werden als Zielfrequenzen interpretiert.

Objekterkennung

Die Echosignale in den einzelnen Modulationszyklen (FMCW-Radar) beinhalten zwar die Information über Abstand und Relativgeschwindigkeit der Objekte, sind aber nicht eindeutig den Objekten zuordenbar. Erst durch die Verknüpfung der Detektionsergebnisse der Modulationszyklen ergeben sich die Ergebnisse für Abstand und Relativgeschwindigkeit der Objekte.

Eine gefundene Zielfrequenz setzt sich aus einem vom Abstand abhängigen und einem von der Relativgeschwindigkeit abhängigen Anteil zusammen. Um also Abstand und Relativgeschwindigkeit ermitteln zu können, müssen Zielfrequenzen aus mehreren Modulationsrampen zueinander passen. Für das Mehrrampen-FMCW-Messprinzip muss für ein physikalisch vorhandenes Radarobjekt in jeder Modulationsrampe eine Zielfrequenz gefunden worden sein, die sich aus dem Abstand und der Relativgeschwindigkeit des Objekts ergeben muss. Die Zuordnung wird schwierig, wenn sehr viele Zielfrequenzen in den Spektren enthalten sind.

Die Winkellage eines Radarziels zur Achse des Fahrzeugs wird aus dem Vergleich der Amplitudenwerte geschätzt, die sich für ein Zielobjekt in den vier benachbarten Radarstrahlen ergeben.

Tracking

Unter Tracking versteht man die weitere Verfolgung eines zuvor erkannten Zielobjekts. Damit werden die Messdaten der aktuell detektierten Objekte mit den Messdaten aus der vorherigen Messung verglichen.

Ein Objekt, das bei der letzten Messung im Abstand d mit einer Relativgeschwindigkeit v_{rel} gemessen wurde, hat sich in der Zeit Δt zwischen der vorherigen Messung und einer neuen Messung fortbewegt und sollte jetzt im erwarteten Abstand

$$d_e = d + v_{rel} \cdot \Delta t$$

gemessen werden. Wird der Umstand berücksichtigt, dass das gemessene Objekt auch beschleunigen oder verzögern kann, gibt es einen Unsicherheitsbereich um den Abstand d_e, in dem der neu gemessene Abstandswert erwartet werden darf.

Wird bei der neuen Messung tatsächlich ein Objekt im Erwartungsbereich für Abstand und Relativgeschwindigkeit gefunden, kann man davon ausgehen, dass es sich um dasselbe Fahrzeug handelt. Das bereits zuvor gemessene Objekt wurde also in der aktuellen Messung wieder gefunden. Die Messdaten werden unter Berücksichtigung der „historischen" Messdaten gefiltert.

Wird ein zuvor gemessenes Objekt in der aktuellen Messung nicht mehr wiedergefunden (z. B. weil es sich außerhalb des Radarstrahls befindet oder ein zu geringes Signalecho erzeugt), werden die prädizierten Objektdaten eine Weile weiterverwendet.

Zusätzliche Maßnahmen bei der Objektverfolgung sind erforderlich, wenn von einem Objekt mehrere Echosignale aus verschiedenen Abständen entstehen. Typischerweise ist das bei Nutzfahrzeugen wegen ihrer zerklüfteten Fahrzeugstrukturen der Fall. Diese Signale müssen zu einem einzigen Objekt zusammengefasst werden.

Die Signalechos werden darüber hinaus bezüglich einer Blindheitserkennung sowie zur Erkennung von Fehlfunktionen der Radarkomponenten analysiert.

Objektauswahl

Für die Auswahl der relevanten Objekte wird in einem ersten Schritt die laterale (seitliche) Position d_{yc} relativ zum vorhergesagten Kurs des eigenen Fahrzeugs bestimmt (Kursversatz). Sie ergibt sich entsprechend Bild 6 aus dem Lateralversatz d_{yv} bezogen auf die Fahrzeugachse. Hierbei werden die vom Radarsensor bestimmten Lateralversätze relativ zur Sensorachse x_S über den Sensorversatz $d_{ySensor}$ auf die Fahrzeugmittenachse x_F transformiert.

Über eine Beschreibung des vorhergesagten Kurses $d_{yvCourse}$, z. B. über einen Parabelansatz als Kreisbogenannäherung, ergibt sich der Kursversatz zu

$$d_{yc} = d_{yv} - d_{yvCourse}$$

Die Bestimmung von d_{yc} hängt somit von der Art der Beschreibung des eigenen Kurses ab.

In einem zweiten Schritt wird für jeden Messzyklus eine Spurwahrscheinlichkeit berechnet. Sie gibt die Wahrscheinlichkeit an, mit der sich das vorausliegende Radarobjekt auf der eigenen Spur befindet. Die eigene Spur wird hierbei über geometrische Ansätze beschrieben, die sowohl die Fahrspurbreite als auch Größen wie die Ungenauigkeit der Kursbestimmung mit einbeziehen.

Die Spurwahrscheinlichkeit ist Eingangsgröße für die Plausibilität eines Objekts. Diese Größe bestimmt als Kennzahl die Güte und Sicherheit, dass es sich bei dem Objekt um ein relevantes Objekt handelt. Sie berücksichtigt auch die Sensoreigenschaften (z. B. Genauigkeit der Winkelbestimmung) und Detektionseigenschaften.

Das Objekt findet nur dann Eingang in die Zielobjektauswahl, wenn eine Mindestplausibilität für die eigene Spur erreicht wird. Bei den heutigen bekannten ACC-

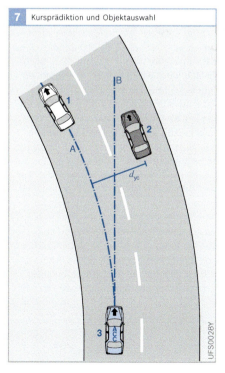

6 Bestimmung der lateralen Objektposition d_{yc} relativ zum Kurs (Kursversatz)

7 Kursprädiktion und Objektauswahl

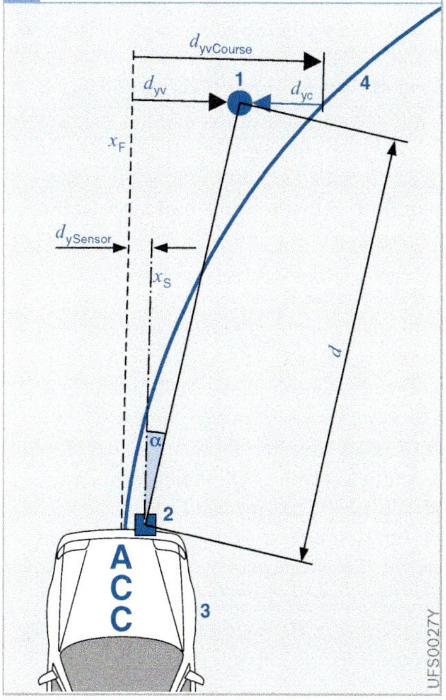

Bild 6
1 Objekt
2 Sensor
3 ACC-Fahrzeug
4 Kurs

d_{yv} Lateralversatz
d_{yc} Kursversatz
$d_{yvCourse} = k_y \cdot d^2/2$ vorhergesagter Kurs mit Messabstand d zum Objekt
k_y aktuelle Krümmung
$d_{ySensor}$ Sensorversatz
x_F Fahrzeugmittenachse
x_S Sensorachse
α Winkel der Abweichung des Objekts von der Sensorachse

Bild 7
1 Objekt 1
2 Objekt 2
3 ACC-Fahrzeug

A Kurs A
B Kurs B
d_{yc} Kursversatz

Systemen werden hierbei nur bewegte Objekte mit gleicher Fahrtrichtung berücksichtigt. Wegen der Gefahr von Fehldetektionen und derzeit einer mit Radar nicht möglichen Objektklassifikation (z. B. Getränkedose auf der Fahrbahn oder stehendes Fahrzeug) werden stehende Objekte ausgeblendet.

Kursprädiktion
Regelqualität
Die Kursprädiktion (Kursvorhersage) spielt für die Zuordnung der detektierten vorausfahrenden Fahrzeuge zum eigenen Kurs die entscheidende Rolle und beeinflusst damit besonders stark die Regelqualität von ACC. In dem in Bild 7 dargestellten Beispiel richtet sich die Regelung eines auf der linken Spur fahrenden ACC-Fahrzeugs bei einer stationären Kurvenfahrt mit dem gekrümmten Kurs A nach dem vorausfahrenden Objekt 1. Dies führt zu dem vom Fahrer gewünschten Folgefahren.

Der dargestellte gerade Kurs B berücksichtigt dagegen fälschlicherweise ein langsameres Objekt 2 auf der rechten Spur z. B. vor einem Kurvenbeginn. Dies würde für den Fahrer des ACC-Fahrzeugs zu einem unkomfortablen und unplausiblem Verzögern des eigenen Fahrzeugs führen. Um das Risiko einer falschen Objektauswahl gemäß diesem Beispiel zu reduzieren, ist somit eine zuverlässige Kurvenvorhersage von großer Bedeutung.

Basisgröße für die Bestimmung des Kurses bildet zunächst die Trajektorienkrümmung. Sie beschreibt die Richtungsänderung des ACC-Fahrzeugs als Funktion des zurückgelegten Wegs. Ergänzend zu dieser Information können die aktuellen und vergangenen Positionen fahrender oder stehender Objekte für die Bestimmung des zukünftigen Kurses herangezogen werden.

Krümmungsbestimmung
Die Krümmung k beschreibt die Richtungsänderung eines Fahrzeug in Abhängigkeit vom zurückgelegten Weg. Sie ergibt sich als:

$$k = 1/R \qquad (R = \text{Kurvenradius})$$

Die Krümmung der Fahrzeugtrajektorie lässt sich über verschiedene fahrzeugseitige Sensoren bestimmen, wobei bei allen Berechnungen vorausgesetzt wird, dass sie innerhalb fahrdynamischer Grenzbereiche verwendet werden. Sie gelten also nicht für Situationen beim Schleudern oder beim Auftreten eines größeren Radschlupfes.

Für die Kursbestimmung wird bei den derzeit bekannten ACC-Systemen eine offsetkorrigierte Gierrate benötigt. Diese wird entweder direkt vom ESP-System aus den Signalen des Lenkradwinkelsensors, des Querbeschleunigungssensors, der Raddrehzahlsensoren und des Drehratesensors gewonnen oder vom ACC-System selbst über eine Offsetkorrektur bestimmt.

Die Gierrate $d\psi/dt$ als Drehung des Fahrzeugs um seine Hochachse beschreibt die aktuelle Krümmung k_y der Fahrtrajektorie mit der Fahrgeschwindigkeit v_x:

$$k_y = (d\psi/dt) / v_x$$

Die Trajektorienkrümmung wird i. Allg. gemittelt, z. B. über eine einfache Tiefpassfilterung.

Kurvenvorhersage
Bei Fahrstrecken mit starken Krümmungsänderungen (z. B. kurvenreiche Autobahnen) resultieren aus der ESP-gestützten Krümmungsbestimmung, die die aktuelle Trajektorie des Fahrzeugs beschreibt, eine potenziell falsche Objektauswahl. Eine prädiktive Bestimmung der Krümmung in einem Abstand ist wünschenswert. Künftige ACC-Systeme werden neben Navigationssystemen auch Videosysteme mit Bildverarbeitung zur Krümmungsbestimmung nutzen.

ACC-Funktion

Reglerfunktionen

Der ACC-Regler (Bild 8) umfasst folgende Reglerfunktionen:
- Fahrgeschwindigkeitsregelung,
- Folgeregelung,
- Kurvenregelung und
- Beschleunigungsregelung.

Fahrgeschwindigkeitsregelung

Der Fahrer stellt an den Bedienelementen die gewünschte Fahrgeschwindigkeit ein. Daraufhin berechnet die Regelung im ersten Schritt einen Sollwert, um die Fahrgeschwindigkeit an diese Wunschgeschwindigkeit anzugleichen.

Das Anzeige- und Bedienkonzept heutiger ACC-Systeme bringt es mit sich, dass es zwei Situationen gibt, in denen eine (vom Fahrer nicht beabsichtigte) große Differenz zwischen der aktuellen Fahrgeschwindigkeit und der gewünschten Setzgeschwindigkeit auftreten kann:

- Eine Wiederaufnahme der Fahrgeschwindigkeitsregelung mit der Resume-Taste aktiviert die zuletzt gesetzte Wunschgeschwindigkeit als aktuelle Wunschgeschwindigkeit. Unter Umständen kann der Fahrer durch eigenes Gasgeben eine weit höhere Geschwindigkeit als die Setzgeschwindigkeit erreichen, bevor er mit der Resume-Taste den ACC-Betrieb wieder aufnimmt.
- Im laufenden ACC-Betrieb kann der Fahrer durch eigenes Gasgeben die ACC-Regelung aussetzen. Auch damit kann er eine weit höhere Geschwindigkeit als die gesetzte Wunschgeschwindigkeit erzielen.

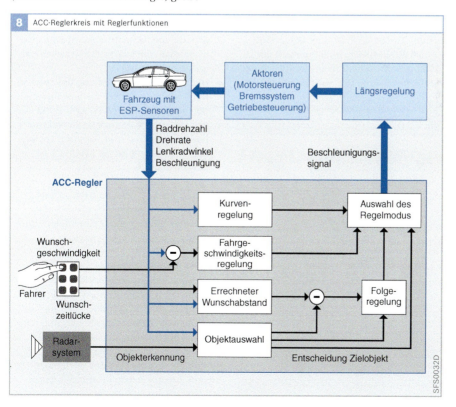

8 ACC-Reglerkreis mit Reglerfunktionen

In beiden Situationen ist sich der Fahrer unter Umständen nicht der großen Differenz zwischen Ist- und Setzgeschwindigkeit bewusst. Die ACC-Fahrgeschwindigkeitsregelung unterstützt den Fahrer in diesen Situationen durch eine moderate Regelreaktion.

Folgeregelung

Im zweiten Schritt gilt es, das relevante vorausfahrende Fahrzeug auszuwählen. Dazu werden die Objektdaten mit der Geometrie des prädizierten (vorhergesagten) eigenen Kurses verglichen. Befinden sich mehrere Fahrzeuge im Bereich dieses prädizierten Kurses, so ist meistens das nächste vorausfahrende Fahrzeug für die Regelung maßgebend.

Ideal ist die Auswahl desjenigen Fahrzeugs, das die niedrigste Sollbeschleunigung am Reglerausgang liefert. Dazu ist allerdings eine Rückkopplung des Reglerwerts auf die Zielfahrzeugauswahl notwendig. Ist das Zielfahrzeug ausgewählt, so wird auf Basis des Abstands und der Relativgeschwindigkeit eine Sollbeschleunigung berechnet. Der Sollabstand ergibt sich dabei aus der Fahrgeschwindigkeit v_F und der vom Fahrer eingestellten Sollzeitlücke τ_{Set}:

$$d_{Set} = \tau_{Set} \cdot v_F$$

Die Sollzeitlücke liegt meist im Bereich von 1...2 s mit einer Tendenz zu größeren Werten bei kleineren Geschwindigkeiten und dichtem Verkehr.

9 Sichtbereich des Radarsensors bei Geradeausfahrt und in Kurven

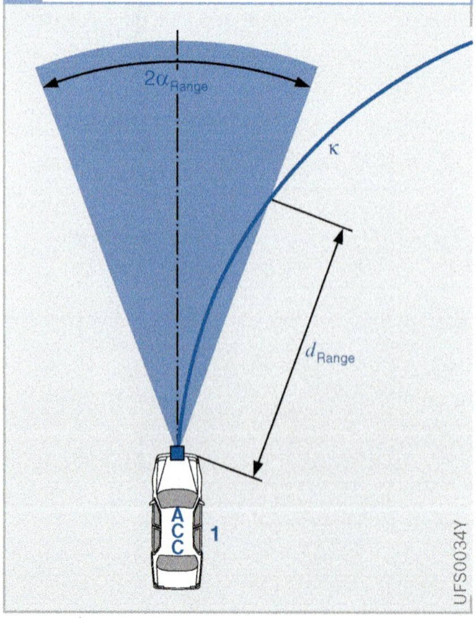

Bild 9
1 ACC-Fahrzeug
k Kurvenkrümmung
$2\alpha_{Range}$ Radar-Sichtfeld
$d_{Range} \approx 2\alpha_{Range}/k$

Kurvenregelung

Obwohl das ACC-System hauptsächlich für den Einsatz auf Autobahnen (mit relativ großen Kurvenradien) entwickelt wurde, lässt es sich auch auf kurvigen Strecken einsetzen. Dabei sind allerdings einige Besonderheiten zu beachten:

- Als Komfortsystem darf ACC den Fahrer nicht durch unkomfortable Längsbeschleunigungen im Kurvenbereich überraschen.
- Wegen des eingeschränkten Winkelbereichs des Radarsensors (Bild 9) passt ACC die mögliche Beschleunigung des Systems an die begrenzte Sichtweite in engen Kurven an.
- Der begrenzte Sichtbereich des Sensors führt in engen Kurven auch zu Situationen, in denen die Folgeregelung ein ausgewähltes Zielfahrzeug nicht mehr erfassen kann. In dieser Situation verhindert ACC eine sofortige Wiederbeschleunigung.

Um zu schnelle Kurvenfahrten auszuschließen, werden die Signale der ESP-Sensoren einbezogen. ACC reduziert dann automatisch die Geschwindigkeit.

Beschleunigungsregelung

Der Beschleunigungskoordinator ermittelt aus den verschiedenen Beschleunigungssollwerten eine ACC-Sollbeschleunigung. Nachdem die Fahrzeugsollbewegung mittels des Beschleunigungssollwertes beschrieben ist, gilt es in der nächsten Ebene, diese Sollbewegung auch einzuregeln. Im ersten Schritt ist dabei auszuwählen, ob der Sollwert über den Antriebsstrang (i. Allg. bei positiven und betragsmäßig kleinen negativen Beschleunigungen) oder über das Bremssystem (für stärkere Verzögerungen) eingestellt werden soll.

Nach dieser Entscheidung erfolgt die Umsetzung auf Momentengrößen.

Funktionshierarchie
Die ACC-Gesamtfunktion lässt sich als Funktionshierarchie beschreiben. In der obersten Funktionsebene (ACC-Fahrzeugführung) wird die Sollbewegung des Fahrzeugs (Fahrgeschwindigkeit und Beschleunigung) berechnet. Die Berechnung erfolgt modular für die Wunschgeschwindigkeitsregelung (Set Speed Control), die eigentliche ACC-Folgeregelung (Follow Control) und die Geschwindigkeitsanpassung an die Kurve (Curve Speed Control). Weitere Funktionalitäten können sowohl in den einzelnen Blöcken (Bild 8) als auch durch weitere Blöcke hinzugefügt werden. Basis-Ergebnisgröße für jeden Block ist eine aufgabenspezifische Fahrzeugsollbeschleunigung.

Bedienung und Anzeige

Bedien- und Anzeigeelemente stellen die unmittelbare Schnittstelle von ACC zum Fahrer dar. Die Betätigung und die Interpretation sollen möglichst einfach, eindeutig und intuitiv sein. Gerade bei den Bedien- und Anzeigeelementen gibt es einen großen Gestaltungsfreiraum, den die Hersteller unterschiedlich nutzen. Daher wird im Folgenden nicht auf eine bestimmte Ausgestaltung eingegangen, sondern es werden die typischen Elemente und deren Funktionen wiedergegeben (Beispiel für Anzeigeelemente in Bild 11). Da häufig die Bedienung mit einer Anzeigefunktion quittiert wird, werden Bedienung und Anzeige zusammengefasst.

Aktivierung
Obwohl ACC eine häufig genutzte Funktion ist, ist sie vom Fahrer aktiv einzuschalten. Bei einigen Fahrzeugmodellen ist sie zunächst durch einen Hauptschalter erst einmal freizuschalten, bei anderen befindet sie sich gleich nach dem Einschalten der Zündung im passiven Wartezustand.

Die Bedingungen für die Aktivierung sind u. a.:
- Fahrgeschwindigkeit größer als minimale Wunschgeschwindigkeit,
- Bremspedal nicht getreten,
- Handbremse gelöst,
- kein Fehler in der ACC-SCU oder im ACC-System erkannt.

Sobald die Bedingungen für eine Aktivierung erfüllt sind und der Fahrer einen für die Aktivierung vorgesehenen Bedienknopf betätigt, beginnt ACC zu regeln. Wichtige Voraussetzung für die Aufnahme dieser Regelung ist natürlich eine für den Anfangszeitpunkt definierte Wunschgeschwindigkeit und -zeitlücke. Daher ist eine Anzeige dieser Werte zumindest bei der Aktivierung absolut notwendig, damit der Fahrer sofort Rückmeldung über die eingestellten Wunschgrößen erhält und ggf. noch modifizieren kann.

Zur eindeutigen Unterscheidung von anderen Funktionen wurde von der ISO ein Symbol definiert (Bild 10). Dieses Symbol kann sowohl als Bereitschaftsanzeige als auch zur Aktivierungsanzeige Verwendung finden.

Setzen und Anzeige der Wunschgeschwindigkeit

Alle bisher bekannten Bedienkonzepte kombinieren Aktivierung und Setzen der Wunschgeschwindigkeit. Sobald der Fahrer/die Fahrerin das erste Mal aus dem Wartezustand heraus den Schalter für die Einstellung der Wunschgeschwindigkeit benutzt, wird ACC auch gleich aktiviert.

Obwohl oftmals die gleichen Schalter wie für den herkömmlichen Fahrgeschwindigkeitsregler verwendet werden, so unterscheidet sich die Einstellung doch erheblich (Bild 12). Insbesondere hat sich gezeigt, dass bei ACC eine gröbere Abstufung sinnvoll ist. Statt etwa 1 km/h beim herkömmlichen Fahrgeschwindigkeitsregler haben sich beim ACC Stufen von 5 oder 10 km/h bewährt. Mit diesen gröberen Stufen fällt es leichter, die Wunschgeschwindigkeit über größere Geschwindigkeitsbereiche anzupassen, z. B. bei Wechsel von einer Baustelle zur *freien Fahrt* auf der Autobahn und umgekehrt. Manche Fahrzeughersteller bieten auch beide Einstellmodi an.

Für das Setzen gibt es vier Funktionen:
- Übernahme der Ist-Geschwindigkeit als Wunschgeschwindigkeit: Set.
- Übernahme der zur Ist-Geschwindigkeit nächst höheren Stufe (Step): Set +.
- Übernahme der zur Ist-Geschwindigkeit nächst niedrigeren Stufe (Step): Set -.
- Übernahme der gespeicherten Wunschgeschwindigkeit: Wiederaufnahme/Resume.

Die Anzeige erfolgt integriert mit der Tachoskala (Bild 11) oder in einem separaten Anzeigefeld als Digitalwert.

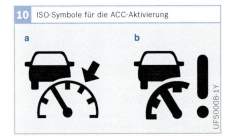

Bild 10
a ACC-Funktion
b ACC-Fehlfunktion

10 ISO-Symbole für die ACC-Aktivierung

11 Fahrerinformationsbereich mit Anzeigeelementen für ACC (Beispiel)

Bild 11
1 Tachometer, Leuchtdioden für Anzeige der Wunschgeschwindigkeit (*ACC aktiv*)
2 relevantes Zielobjekt erkannt (*ACC aktiv*)
3 Anzeige *gewählter Sollabstand* mit Fahrzeugpiktogrammen (leuchtet 6 s lang nach Aktivieren von ACC und nach Eingaben) oder Fehlermeldung *ACC inaktiv* oder Aufforderung zur Sensorreinigung (*clean sensor*)
4 Betriebsbereitschaft (*stand by*)

Setzen des Wunschabstands (Zeitlücke)

Der Wunschabstand hängt von den persönlichen Vorlieben ab, aber auch von der Verkehrslage und den Wetterbedingungen. Um dieser Variation nachzukommen, bieten alle Hersteller mindestens drei verschiedene Einstellungen im Bereich von 1,0 s bis etwa 2,0 s (Zeitlücke). Hier gibt es verschiedene Bedienphilosophien. Neben einer kontinuierlichen Verstellung per Drehrädchen (Bild 13a) im Mittelkonsolenbereich oder am Stellhebel für den Fahrgeschwindigkeitsregler (Bild 13b) werden Stufenschalter oder Taster zum Durchsteppen einer Programmsequenz (z. B. lang, mittel, kurz, lang, mittel ...) verwendet (Bild 13c).

Bei Änderung der Zeitlücke erhält der Fahrer/die Fahrerin über die gewählte Einstellung Rückmeldung in einer Anzeige. Zwei Möglichkeiten der Darstellung sind in Bild 14 dargestellt.

12 ACC-Bedienelemente im Lenkrad (Beispiel)

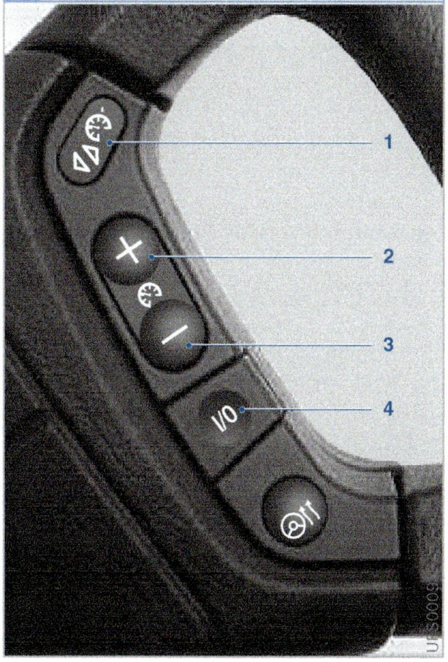

Anzeige *Objekt erkannt*

Neben den absolut notwendigen Anzeigen für Wunschgeschwindigkeit und Wunschabstand hat sich die Anzeige für *Objekt erkannt* bewährt. Sie informiert den Fahrer darüber, ob der ACC-Sensor ein relevantes Objekt erkannt hat, das dann als Regelobjekt verwendet wird, wenn es langsamer

13 Bedienelemente für die Einstellung des Wunschabstands bzw. der Wunschzeitlücke

14 Anzeige der Einstellung *Wunschabstand* bzw. *Wunschzeitlücke*

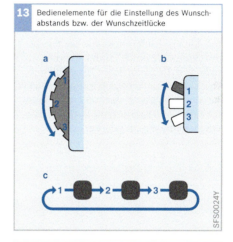

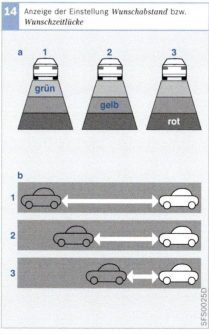

Bild 13

a Drehrädchen
b Stufenschalter
c Taster zum Durchsteppen einer Programmsequenz

Bild 12

1 *Resume*
Abruf der zuletzt gewählten Wunschgeschwindigkeit (ACC passiv)
Wahl und Anzeige des Sollabstands für drei Abstandsstufen (ACC aktiv)
2 Taste +
Aktivieren der vom Tachometer angezeigten Geschwindigkeit (ACC aktiv)
Wahl der Wunschgeschwindigkeit in Schritten von 10 km/h nach oben (ACC aktiv)
3 Taste –
analog zu Taste +, jedoch Wahl der Wunschgeschwindigkeit in Schritten von 10 km/h nach unten
4 Taste I/O
Ein-und Ausschalten des ACC-Systems im Zustand *Aus* und *ACC aktiv* Schalten zu *ACC passiv*

Bild 14

a Perspektivische Darstellung in Fahrtrichtung
b seitliche Darstellung

1 *grüner* Bereich großer Abstand
2 *gelber* Bereich mittlerer Abstand
3 *roter* Bereich geringer Abstand

ist als die aktuelle gesetzte Wunschgeschwindigkeit. Bild 15 zeigt zwei Beispiele für mögliche Ausführungsformen.

Deaktivierung

Die Deaktivierung erfolgt ähnlich wie beim herkömmlichen Fahrgeschwindigkeitsregler über einen Ausschalter oder durch die Betätigung des Bremspedals. Eine Teildeaktivierung ist nach Eingriffen der Schlupfregelsysteme (ESP, ASR) vorgesehen. Dabei wird nur noch die Bremse angesteuert, eine Beschleunigung findet nicht statt. So bleibt die Möglichkeit des Abschlusses eines Verzögerungsmanövers, für eine Fortsetzung der Folgefahrt muss der Fahrer/die Fahrerin die volle Funktionalität manuell reaktivieren.

Funktionsgrenzen

Geschwindigkeitsbereich

Ein ACC-System ist hauptsächlich für die Fahrt auf Autobahnen und schnellen Landstraßen vorgesehen. Die derzeit verwendeten Sensoren decken die volle Breite der eigenen Fahrbahn auf gerader Strecke erst ab ca. 40 m ab, sodass vorausfahrende Fahrzeuge auf Straßen mit engen Kurven und im Stadtverkehr nur eingeschränkt erkannt werden können.

Aus diesem Grund liegt die untere Geschwindigkeitsgrenze von ACC-Systemen (je nach Systemauslegung) im Bereich von 30 km/h. Wegen der Komfortauslegung gängiger ACC-Systeme liegt die obere Geschwindigkeitsgrenze im Bereich von 160...200 km/h.

Längsdynamik

Da eine absolut richtige Reglerreaktion nicht garantiert werden kann, gilt es, die Auswirkungen der Regelung (d. h. die Fahrzeugbeschleunigung und Fahrzeugverzögerung) zu begrenzen. Diese Begrenzung kann sich sowohl auf die absolute Beschleunigung als auch deren zeitliche Änderung beziehen.

Während sich die oberen Beschleunigungsgrenzen auf Werte beziehen, die auch bei konventioneller Fahrgeschwindigkeitsregelung üblich sind (ca. 0,6...1,0 m/s²), liegt für ACC mit aktiver Bremsung ein Verzögerungsgrenzwert von typisch 2,5 m/s² fest. Dieser Wert reicht in vielen Fällen für die Geschwindigkeitsänderung. Die dabei vom Fahrer deutlich wahrnehmbare Verzögerung beträgt aber trotzdem nur ein Viertel der maximal möglichen Verzögerung auf einer trockenen Straße.

Allerdings resultiert aus der begrenzten Verzögerungsfähigkeit unter Berücksichtigung der ebenfalls begrenzten Reichweite des Radarsensors eine maximale Differenzgeschwindigkeit, die ACC ohne Eingreifen des Fahrers noch ausgleichen kann. Die scheinbar daraus abzuleitende Forderung

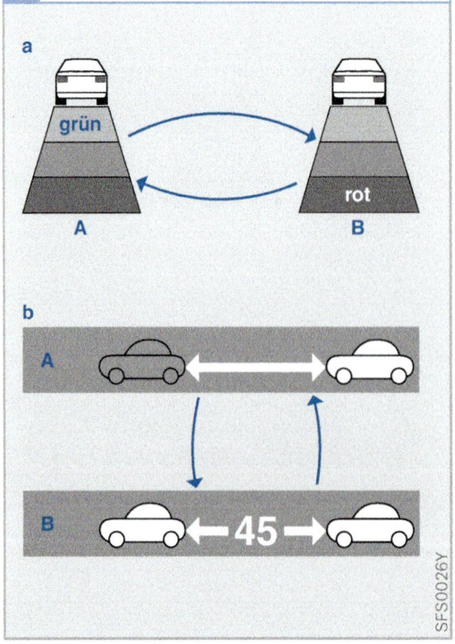

Bild 15
a Perspektivische Darstellung in Fahrtrichtung
b seitliche Darstellung

A Kein relevantes Objekt
B relevantes Objekt erkannt

nach einer größeren Reichweite zum Erreichen eines früheren Reaktionsbeginns lässt sich aus folgenden Gründen nicht realisieren:
▶ Die Sicherheit für die richtige Spurzuordnung sinkt stark mit steigendem Abstand.
▶ Die Wahrscheinlichkeit eines Überholmanövers steigt mit höherer Differenzgeschwindigkeit und kann erst in unmittelbarer Nähe zum Zielobjekt eindeutig bestätigt werden.
Dadurch entsteht ein Zielkonflikt: Bei hoher Differenzgeschwindigkeit ist einerseits eine frühe Reaktion notwendig, andererseits ist gerade in diesem Fall die Überholwahrscheinlichkeit recht hoch und damit eine frühe Verzögerung unerwünscht.
▶ Durch den Spurwechsel der vorausfahrenden Fahrzeuge oder des ACC-Fahrzeugs wird der Reaktionsbeginn nicht allein durch eine Entfernung, sondern auch durch den Beginn der Objektzuordnung zur eigenen Spur festgelegt. Deshalb muss der Fahrer auch bei Spurwechsel damit rechnen, dass die Geschwindigkeitsdifferenz nicht von ACC ausgeglichen werden kann.
▶ In Kurven mit einem Radius unterhalb von 1 000 m kann die Sicht für den ACC-Sensor durch Randbebauungen und Fahrzeuge auf der Nachbarspur eingeschränkt sein, sodass zwar noch ein Folgen in der Kurve möglich ist, aber die Vorausschauweite für eine frühzeitige Reaktion beim Annähern an ein neu auftauchendes Fahrzeug nicht ausreicht.

Zwar lässt sich in dem einen oder anderen Fall eine höhere Aussagequalität erreichen, dies geht aber häufig zu Lasten der Transparenz und kann damit die Einschätzbarkeit durch den Fahrer vermindern.

Stehende Objekte
Grundsätzlich ist ACC in der Lage, stehende Objekte von fahrenden Objekten zu unterscheiden. Das Radarsystem misst die Relativgeschwindigkeit v_{rel} eines Objekts, der Vergleich mit der Eigengeschwindigkeit v_F des ACC-Fahrzeugs ergibt die Absolutgeschwindigkeit v_j des Objekts.

$$v_j = v_F + v_{rel, j}$$

Berücksichtigt man dabei Messabweichungen und zeitliche Verzögerung der Signale, so wird ein Objekt dann als stehendes Objekt betrachtet, wenn die Geschwindigkeit unterhalb einer Schwelle von ca. 5 km/h liegt.

Stehende Objekte werden von der ACC-Folgeregelung generell ausgeschlossen. Dafür gibt es vor allem zwei Gründe:
▶ ACC ist ein Komfortsystem. Die Verzögerungsfähigkeit ist deshalb nicht dazu ausgelegt, das Fahrzeug rechtzeitig vor stehenden Objekten abzubremsen.
▶ Es ist derzeit technisch außerordentlich schwierig, allein auf Basis von Radarsignalen eine ausreichend genaue Entscheidung darüber zu fällen, um was für ein Objekt es sich handelt und ob es sich in der eigenen Fahrspur befindet oder nicht. Bei der Vielzahl stehender Objekte am Fahrbahnrand wäre es deshalb sehr wahrscheinlich, dass ACC auf ein solches Objekt unberechtigterweise reagiert.

Aus diesen Gründen gelten folgende Einschränkungen:
▶ Stehende Objekte werden derzeit von der Sensorik nur im niedrigen Geschwindigkeitsbereich berücksichtigt und ausgewertet.
▶ Nur fahrende oder angehaltene Objekte (die zuvor als bewegte Objekte erkannt wurden) werden für die Folgeregelung berücksichtigt. Damit ist eine unberechtigte Verzögerung wegen eines stehenden Objekts am Fahrbahnrand nahezu ausgeschlossen.
▶ Es wird verhindert, dass ACC das Fahrzeug beschleunigt, wenn stehende Objekte in der eigenen Fahrspur erkannt werden.

Sicherheitskonzept

Aufgabe des Sicherheitskonzepts

Ziel des Sicherheitskonzepts ist es, ACC-bedingte kritische Fahrsituationen und Fahrzeugzustände zu vermeiden, gleichzeitig jedoch die von den Sicherheitsmaßnahmen ausgehenden Einschränkungen der Verfügbarkeit zu minimieren.

Das Sicherheitskonzept muss bei Eintritt von Fehlerzuständen zwei grundlegende Forderungen erfüllen. Die erste verlangt vom Steuergerät ein Fail-Safe-Verhalten, d. h., im Falle eines erkannten Fehlers darf keine Radarstrahlung erfolgen und die Aktoren dürfen nicht mit einem Sollwert beaufschlagt werden. Als zweite Forderung darf das ACC-Steuergerät den restlichen Steuergeräteverbund zu keinem Zeitpunkt beeinträchtigen.

Aufbau des Sicherheitskonzepts

Allgemein anerkannte Verfahren zur Überwachung sicherheitsrelevanter Systeme sind Diversität und Redundanz. Bei der diversitären Informationsverarbeitung werden sämtliche Berechnungen auf Kontrollrechnern unterschiedlichen Typs mit unterschiedlicher Software nachvollzogen. Zum Erreichen der Redundanz wird lediglich die gleiche Hard- und Software doppelt implementiert.

Für das ACC-Steuergerät wurde ein Überwachungskonzept entwickelt, das auf der ACC-spezifischen Rechnerstruktur aufsetzt und gleichermaßen der Komplexität der Aufgaben und den spezifischen Sicherheitsanforderungen Rechnung trägt. Das ACC-Steuergerät erfüllt mit seiner Zwei-Prozessor-Struktur und der damit verbundenen internen Kommunikation die Sicherheitsanforderungen bezüglich redundanter Hardware-Strukturen und Überwachungseinheiten.

Das Überwachungskonzept des ACC-Steuergeräts gliedert sich in drei logische Ebenen, die in den beiden Controller-Einheiten sowie in den externen Partnersteuergeräten lokalisiert sind.

Ebene Komponentenüberwachung

Diese Ebene besteht aus zwei voneinander unabhängigen Teilen in den beiden Controllern. Sie beschränkt sich auf die Entdeckung von Fehlern in der Peripherie der Controller (z. B. Überwachung des Radar-Transceivers, Erkennen von Sensordejustage, Überwachung des CAN-Datenbusses). Eine Überwachung der Rechenlogik ist hiermit nicht verbunden.

Ebene Funktionsüberwachung

Diese Ebene ist ebenfalls unabhängig in beiden Controllern implementiert. Jeder Controller führt Tests seiner eigenen Rechenlogik durch. Hinzu kommen außerhalb des ACC-Steuergeräts lokalisierte Plausibilisierungen, die von den Partnersteuergeräten ausgeführt werden, indem diese die ACC-Botschaften auf Konsistenz und Plausibilität überprüfen. Hierdurch werden Fehler der ACC-Funktion erkannt, die zu nicht plausiblen CAN-Signalen oder einem unregelmäßigen CAN-Sendezyklus führen. Beispiele für die Funktionsüberwachung sind prozessorinterne Hardwaretests, prozessorinterne Checksummentests, Prüfung von CAN-Checksummen und CAN-Botschaftszählern.

Ebenso findet auch im ACC-Steuergerät eine Plausibilisierung der Partnersteuergeräte durch Überprüfen der eingehenden Botschaften statt.

Ebene der gegenseitigen Kontrolle

Diese Ebene umfasst das Zusammenspiel beider Controller in einer gemeinsamen Überwachungsstruktur. Der wesentliche Unterschied zur Funktionsüberwachung besteht darin, dass die Überwachung und die zu überwachende Funktion nicht auf derselben Hardware laufen, sondern dass eine gegenseitige Kontrolle zwischen den beiden Controllern stattfindet.

Beispiele für die gegenseitige Kontrolle sind Checksummenprüfung und Timing-Überwachung der internen Kommunikation, Berechnung und gegenseitige Überprüfung von Testaufgaben.

Weiterentwicklungen

Bisherige ACC-Systeme besaßen noch gewisse Einschränkungen im Funktionsumfang, die durch eingeschränkte Funktionalität von Sensorik und Aktorik bedingt sind. Dies hatte zur Folge, dass ACC nur oberhalb 30 km/h funktioniert, also nicht bis in den Stillstand bremst und auch nicht auf stehende Objekte regelt. Dies war eine Herausforderung für die Entwicklung von ACC-Folgegenerationen. Im Rahmen der Produktpflege zeigen die zukünftigen Systeme eine höhere Zuverlässigkeit bei der Zielauswahl und eine noch bessere Erkennungsleistung von Objekten im Nahbereich. Dies lässt nun auch den Einsatz von ACC in Stausituationen zu.

Für den Einsatz in Stausituationen wurde vor Kurzem zunächst ACCplus entwickelt. Die nächste Funktionsstufe wird in den kommenden Jahren folgen.

ACCplus

Ausschließlich auf Basis des ACC-Sensors wird ACCplus in der Lage sein, das Fahrzeug in einem Geschwindigkeitsbereich zwischen 0 und 200 km/h zu regeln, d. h. auch bis in den Stillstand abzubremsen. Um Komfortbremsungen zu ermöglichen, muss das Fahrzeug mit einem komfortoptimierten Bremssystem ausgerüstet sein, das wegen der stärkeren Bremsenbelastung auch über ein höheres Lastkollektiv verfügen muss.

Als Wiederanfahrstrategie bietet sich vor allem an, dass der Fahrer startet, das System übernimmt. Aus Produkthaftungserwägungen ist ein automatisches Wiederanfahren möglicherweise nicht zielführend.

ACC mit Funktion „Staufolgefahren"

Die nächste Stufe der Funktionserweiterung erfolgt mit der Funktion *Staufolgefahren* (Low Speed Following, LSF), bei der eine Fusion der Daten des Long Range Radars und eines Mittelbereich- oder eines Nahbereichsensors vorgenommen wird. Sie wird in der Kombination Long Range Radar mit zwei Short Range Radarsensoren bereits von einem deutschen Fahrzeughersteller angeboten. Die Radarsensoren mit kurzer Reichweite haben einen deutlich breiteren Erfassungsbereich im Nahbereich und erlauben eine zuverlässige Erkennung knapp einscherender Fahrzeuge. Diese Funktion erlaubt es auch, das Fahrzeug bis zum Stillstand abzubremsen und bei freier Fahrt auf Fahrerwunsch wieder zu beschleunigen.

Durch die Fusion von ACC LSF und einer Videosensorik wird es möglich sein, eine vollständige Längsführung in allen Geschwindigkeitsbereichen und auch im Stadtverkehr vorzunehmen (FSR, Full Speed Range). Die Überlappung der Bereiche der einzelnen Sensortypen erlaubt in dieser Kombination eine weitere Steigerung der Detektionszuverlässigkeit.

Kopplung ACC mit Navigation

Auf Basis von digitalen Karten ist prinzipiell die Bestimmung von prädiktiven Krümmungsinformationen in definierten Abständen voraus möglich. Hierbei lassen sich über Interpolationsverfahren auf Basis der vorhandenen Stützstellen z. B. 50 m voraus die Krümmung bestimmen. Prinzipbedingte Probleme verursachen z. B. Ungenauigkeiten in den digitalen Karten selbst oder aber nicht dem aktuellen Straßenverlauf entsprechende Karten. Allerdings verbessert sich die Qualität der Digitalisierung von Landkarten kontinuierlich. Weitere Informationen wie z. B. die Anzahl der Spuren oder der Straßentyp lassen zukünftig weitere Anwendungen zu.

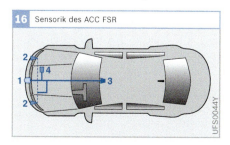

16 Sensorik des ACC FSR

Bild 16
1 Long Range Radar
2 Nahbereichsensoren (optional)
3 Videokamera
4 komfortoptimiertes Bremssystem

Sicherheitssysteme

Fahrerassistenzsysteme helfen, Unfälle zu vermeiden. Das Ziel ist das unfallfreie Fahren. Mit immer effizienteren elektronischen Systemen und verbesserter Sensorik wird versucht, diesem Ziel nahezukommen. Für die Fälle, in denen ein Unfall nicht verhindert werden kann, müssen die Unfallfolgen gemildert werden. Das erste passive Sicherheitssystem für Pkw wurde mit dem Sicherheitsgurt eingeführt. In Deutschland ist er für die Vordersitze seit 1970, für die Rücksitze seit 1979 vorgeschrieben. Die Gurtanlegepflicht wurde 1976 eingeführt. Die Elektronik ermöglichte seit den 1980er-Jahren weitere Systeme, die die Sicherheit der Insassen im Falle eines Unfalls erhöhen.

Insassenschutzsysteme

Passive Sicherheitssysteme sollen die bei einem Unfall auf die Passagiere wirkenden Kräfte gering halten und somit die Unfallfolgen vermindern. Einen wesentlichen Beitrag hierzu leisten die folgenden Insassenschutzsysteme (Bild 1):
▶ Sicherheitsgurte mit Gurtstraffern und Gurtkraftbegrenzern,
▶ verschiedene Airbags und
▶ Überrollschutzsysteme.

Sicherheitsgurte mit Gurtstraffer stellen den größten Teil der Schutzwirkung dar, da sie 50...60 % der Bewegungsenergie der Insassen aufnehmen. Mit Frontairbag beträgt die Energieabsorption ca. 70 % bei optimaler Abstimmung der Auslösezeitpunkte.

Um eine optimale Schutzwirkung zu erzielen, muss das Verhalten aller Komponenten des gesamten Insassenschutzsystems aufeinander abgestimmt sein. Dies wird durch geeignete Sensoren und mit einer schnellen Signalverarbeitung ermög-

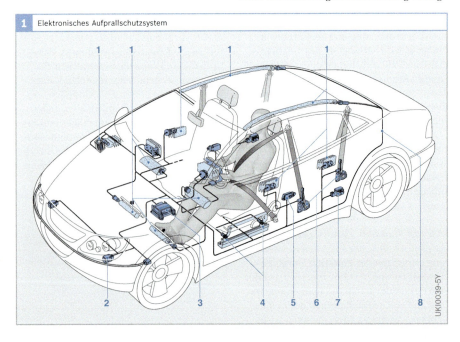

Bild 1
1 Airbag mit Gasgenerator
2 Upfront-Sensor
3 zentrales Steuergerät für Gurtstraffer, Front- und Seitenairbags sowie Überrollschutzeinrichtungen mit integriertem Überrollsensor
4 iBolt™
5 peripherer Drucksensor PPS (Peripheral Pressure Sensor)
6 Gurtstraffer mit Treibsatz
7 peripherer Beschleunigungssensor PAS (Peripheral Acceleration Sensor)
8 Bus-Architektur (CAN)

Elektronisches Aufprallschutzsystem

licht. Die Steuerungsalgorithmen für die Gurtstraffer, die Airbags und ggf. die Überrollschutzsysteme sind in einem kombinierten Steuergerät abgelegt.

Sicherheitsgurte und Gurtstraffer
Aufgabe
Sicherheitsgurte haben die Aufgabe, die Insassen eines Fahrzeugs im Sitz zurückzuhalten, wenn dieses auf ein Hindernis aufprallt. Somit werden die Insassen während eines Aufpralls frühzeitig an der Fahrzeugverzögerung beteiligt (Bild 2). Standard ist der Dreipunktgurt mit Aufrollautomatik, der immer häufiger auch beim Mittelsitz im Fahrzeugfond eingesetzt wird. Das Gurtschloss ist bei verstellbaren Sitzen direkt am Sitz befestigt, die Aufrollvorrichtung an der B- bzw. C-Säule (Bild 1).

Ein locker anliegender Gurt (z.B. wegen dicker Winterbekleidung) führt zu einer Gurtlose. Aufgrund der Nachgiebigkeit der Bekleidung wird der Insasse im Falle einer Kollision nicht rechtzeitig an der Fahrzeugverzögerung beteiligt. Dadurch bewegt sich der Insasse zunächst ungebremst weiter, was die Schutzwirkung des Gurts vermindert. Ferner tragen auch die verzögernde Wirkung der Aufrollautomatik (Filmspuleneffekt) sowie die Gurtbanddehnung zur Gurtlose bei.

Aufgrund der Gurtlose haben Dreipunkt-Automatikgurte beim Frontalaufprall mit Geschwindigkeiten von über 40 km/h gegen feste Hindernisse nur eine begrenzte Schutzwirkung, da sie ein Auftreffen von Kopf und Körper auf das Lenkrad und Armaturenbrett nicht sicher verhindern können. Gurtstraffer ziehen bei einem Aufprall die Sicherheitsgurte enger an den Körper und halten den Oberkörper möglichst dicht an der Sitzlehne. So wird eine zu weite, durch die Massenträgheit verursachte freie Vorverlagerung der Insassen verhindert. Gurtstraffer verbessern damit die Rückhalteeigenschaften eines Drei-punkt-Automatikgurts und erhöhen den Schutz vor Verletzungen.

Um eine optimale Schutzwirkung zu erreichen, müssen die Fahrzeuginsassen nach möglichst geringer Vorverlagerung aus den Sitzen an der Fahrzeugverzögerung teilnehmen. Die Aktivierung des Gurtstraffers sorgt bereits kurz nach Aufprallbeginn dafür und stellt damit die frühest mögliche Rückhaltewirkung der Insassen sicher. Die maximale Vorverlagerung bei gestrafften Gurten beträgt ca. 2 cm, der mechanische Straffungseingriff dauert 5...10 ms.

Gurtstraffer werden insbesondere bei Frontalaufprall, zunehmend aber auch bei Seitenaufprall aktiviert. Denn auch bei diesen Unfällen sind die Insassen durch den enger anliegenden Gurt besser geschützt.

Aufbau und Arbeitsweise
Schultergurtstraffer
Der Schultergurtstraffer beseitigt bei einem Aufprall die Gurtlose und den Filmspuleneffekt, indem er das Gurtband aufrollt und strafft. Die Schutzwirkung des Sicherheitsgurts setzt somit früher ein.

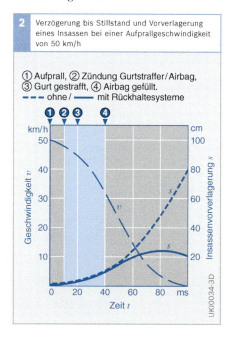

2 Verzögerung bis Stillstand und Vorverlagerung eines Insassen bei einer Aufprallgeschwindigkeit von 50 km/h

① Aufprall, ② Zündung Gurtstraffer/Airbag, ③ Gurt gestrafft, ④ Airbag gefüllt.
--- ohne / —— mit Rückhaltesysteme

Seine volle Wirkung erreicht dieses System bei einem Aufprall mit einer Geschwindigkeit von 50 km/h innerhalb der ersten 20 ms nach Aufprallbeginn; es unterstützt damit die schützende Wirkung des nach 40 ms voll aufgeblasenen Airbags.

Bei der Aktivierung zündet das System elektrisch einen pyrotechnischen Treibsatz (Bild 3, Pos. 3). Die dabei freigesetzte Gasladung wirkt auf einen Kolben (4), der über ein Stahlseil (6) die Gurtrolle (7) so dreht, dass sich das Gurtband (8) straff an den Körper des Insassen anlegt. Das Gurtband ist somit schon vor Beginn der Vorverlagerung des Insassen gespannt. Mit diesen Gurtstraffern kann das Gurtband innerhalb von 10 ms um bis zu 12 cm zurückgezogen werden.

Die Aktivierung des Gurtstraffers wird von Beschleunigungssensoren, die im Steuergerät integriert sind, ausgelöst. Um eine schnelle und sichere Unfallerkennung zu gewährleisten, werden im Frontbereich des Fahrzeugs zusätzlich noch ausgelagerte Sensoren verbaut. Es kommen vorwiegend mikromechanische Beschleunigungssensoren zur Anwendung. Die Auswertealgorithmen im Steuergerät lesen permanent die Daten der Sensoren ein und berechnen, ob ein Unfall vorliegt.

Da die Zündung des pyrotechnischen Treibsatzes irreversibel ist, muss die Entscheidung über die Zündung abgesichert sein und vom Überfahren z. B. einer Bordsteinkante differenziert werden, da dies nicht zum Auslösen führen darf. Die Signalverarbeitung muss in kürzester Zeit erfolgen, damit nach dem Aufprall auf ein Hindernis der Gurtstraffer rechtzeitig ausgelöst wird.

Schlossstraffer
Der Schlossstraffer zieht, ausgelöst von einer Treibladung oder von Federsystemen, das Gurtschloss nach hinten und strafft dadurch gleichzeitig Schulter- und Beckengurt. Er verbessert die Rückhaltewirkung und den Schutz davor, unter dem Gurt hindurchzurutschen (Submarining Effect) noch weiter.

Die Straffung geht wie beim Schultergurtstraffer in der gleichen Zeit vonstatten.

Kombination zweier Gurtstraffer
Einen größeren Strafferweg zum Erzielen einer besseren Rückhaltewirkung bietet die Kombination von zwei Gurtstraffern pro Gurt, die aus einem Schultergurtstraffer und einem Schlossstraffer besteht. Die Aktivierung des Schlossstraffers erfolgt entweder erst ab einer bestimmten Crash-Schwere oder mit einer bestimmten Zeitverzögerung nach Auslösen des Schultergurtstraffers.

Gurtkraftbegrenzer
Bei dieser Variante ziehen die Straffer zuerst voll an (z. B. mit ca. 4 kN) und halten den Insassen zurück. Beim Überschreiten einer bestimmten Gurtbandkraft erhöht sich die Gurtlänge, wodurch sich der Vorverlagerungsweg des Insassen verlängert. Dessen Bewegungsenergie wird in Verformungsenergie von Verformungselementen

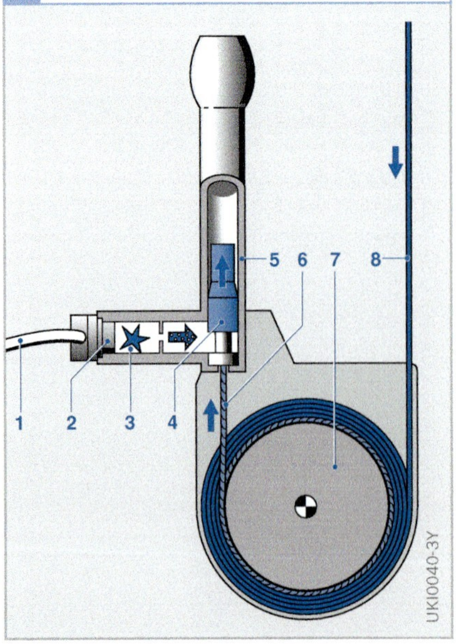

Bild 3
1 Zündleitung
2 Zündelement
3 Treibladung
4 Kolben
5 Zylinder
6 Stahlseil
7 Gurtrolle
8 Gurtband

umgewandelt. Als Verformungselement dient z. B. ein Torsionsstab in der Gurtaufrollerwelle oder eine Reißnaht im Gurt.

Eine weitere Variante ist die elektronisch gesteuerte, einstufige Gurtkraftbegrenzung, die eine definierte Zeit nach Auslösung der zweiten Frontairbagstufe – und damit bei voll gefülltem Airbag – und nach Erreichen einer definierten Vorverlagerung die Gurtkraft durch Aktivierung eines Zündelements auf 1...2 kN reduziert (z. B. duch Reißnähte im Gurt).

Die Gurtkraftbegrenzung verhindert das Auftreten von Beschleunigungsspitzen und vermindert damit die Gefahr von Schlüsselbein- und Rippenbrüchen mit resultierenden inneren Verletzungen

Weiterentwicklungen
Die Straffungsleistung pyrotechnischer Gurtstraffer wird ständig weiter verbessert. Hochleistungsstraffer sind in der Lage, ca. 15 cm Gurtauszugslänge in ca. 5 ms zurückzuziehen.

Zukünftig gibt es auch zweistufige Gurtkraftbegrenzungen, realisiert durch zwei Torsionsstäbe mit zeitversetztem Eingriff oder einen Torsionsstab mit zusätzlichem Biegeblech im Retraktor (Gurtaufroller).

Frontairbag
Aufgabe
Frontairbags haben die Aufgabe, bei einem Fahrzeugaufprall auf Hindernisse (d. h. Frontalaufprall) mit je einem Airbag den Fahrer und den Beifahrer vor Kopf- und Brustverletzungen zu schützen (Bild 4). Ein Sicherheitsgurt mit Gurtstraffer allein kann bei einem schweren Aufprall das Aufschlagen des Kopfes auf das Lenkrad bzw. das Armaturenbrett nicht verhindern. Airbags haben zur Erfüllung dieser Aufgabe je nach Einbauort, Fahrzeugart und Strukturdeformationsverhalten (Fahrzeuge werden im Crashfall unterschiedlich deformiert) unterschiedliche, den Fahrzeugverhältnissen angepasste Füllmengen und Formen.

Die beste Schutzwirkung für die Insassen ergibt sich durch eine optimale Abstimmung zwischen Gurt- und Frontairbagsystem.

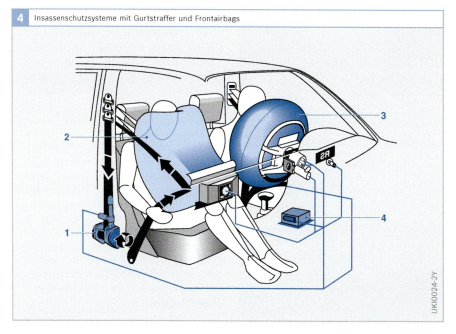

4 Insassenschutzsysteme mit Gurtstraffer und Frontairbags

Bild 4
1 Aufrollvorrichtung mit Gurtstraffer
2 Frontairbag für Beifahrer
3 Frontairbag für Fahrer
4 Steuergerät

5 „Hochdynamische" Entfaltung eines Fahrerairbags

0 ms

10 ms

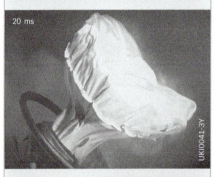
20 ms

30 ms

Arbeitsweise

Nach einem von den Beschleunigungssensoren erkannten Fahrzeugaufprall blasen je ein pyrotechnischer Gasgenerator Fahrer- und Beifahrerairbag hochdynamisch auf (Bild 5). Um die maximale Schutzwirkung zu erhalten, muss ein Airbag ganz gefüllt sein, bevor der Insasse in ihn eintaucht. Beim Auftreffen des Insassen wird der Airbag über Abströmöffnungen teilweise wieder entleert. Die Energie, mit der die zu schützende Person auftrifft, wird mit verletzungsunkritischen Flächenpressungs- und Verzögerungswerten „sanft" absorbiert.

Die Aufblasgeschwindigkeit und die Härte des aufgeblasenen Airbags kann bei zweistufigen Gasgeneratoren durch zeitverzögertes Zünden der zweiten Stufe beeinflusst werden.

Die maximal zulässige Vorverlagerung des Fahrers, bis der Airbag auf der Fahrerseite gefüllt ist, beträgt ca. 12,5 cm. Das entspricht einer Zeit von ca. 40 ms nach Aufprallbeginn (bei einem Aufprall mit 50 km/h auf ein hartes Hindernis). 10 ms dauert es, bis die Elektronik den Aufprall sensiert und die elektronische Zündung auslöst, 30 ms beträgt die Aufblasdauer für den Airbag. Der Airbag entleert sich nach weiteren 80...100 ms durch die Abströmöffnungen. Der gesamte Vorgang dauert somit nur etwas mehr als eine Zehntelsekunde.

Aufprallerkennung

Die beim Aufprall entstehende Verzögerung wird mit einem (oder zwei) in Richtung der Fahrzeuglängsachse messenden, meist im Steuergerät integrierten Beschleunigungssensor(en) erfasst. Daraus wird die Geschwindigkeitsänderung sowie die Vorverlagerung des Insassen berechnet. Zum besseren Erkennen von Schräg- und Offset-Crashs kann der Auslösealgorithmus auch das Signal des in Fahrzeug-Querrichtung messenden Beschleunigungssensors auswerten.

Zusätzlich zur Aufprallerkennung muss der Aufprall bewertet werden. Ein Hammerschlag in der Werkstatt, leichte Rempler, Aufsetzer, Fahren über Bordsteinkanten oder Schlaglöcher dürfen den Airbag nicht auslösen. Die Sensorsignale werden dazu im Steuergerät in Auswertealgorithmen verarbeitet, deren Empfindlichkeitsparameter mithilfe von Crashdatensimulationen optimiert wurden.

Die z. B. durch die Ausstattung und das Deformationsverhalten der Karosserie beeinflussten Beschleunigungssignale sind für jedes Fahrzeug anders. Sie bestimmen die Einstellparameter, die für die Empfindlichkeit beim Auslösealgorithmus und schließlich für die Airbag- und Gurtstrafferzündung maßgebend sind.

Um bei einem möglichen Sensordefekt des Beschleunigungssensors eine Fehlauslösung des Airbags zu verhindern, ist im Airbag-Steuergerät mindestens noch ein weiterer Beschleunigungssensor vorhanden. Dieser Sensor muss im Falle eines Unfalls ebenfalls einen vordefinierten Schwellwert überschreiten, damit die Auslösung der Airbags freigegeben wird.

Die erste Gurtstraffer-Auslöseschwelle wird je nach Aufprallart oder -schwere innerhalb von 8...30 ms erreicht, die erste Frontairbag-Auslöseschwelle nach ca. 10...50 ms.

Angepasste Airbagauslösung

Zur Vermeidung airbagbedingter Verletzungen von Insassen, die sich „Out of Position" befinden (z. B. sich weit nach vorne lehnen) oder von Kleinkindern in Reboard-Kindersitzen (rückwärts gerichtet), muss die Auslösung des Frontairbags und dessen Befüllung situationsangepasst erfolgen. Hierzu gibt es folgende Maßnahmen:

Deaktivierungsschalter
Mit einem manuell betätigten Deaktivierungsschalter kann der Beifahrerairbag außer Funktion gesetzt werden.

Zunehmend gibt es Kindersitze mit genormten Verankerungen (ISOFIX-Kindersitze). In den Verankerungsschlössern eingebaute Schalter bewirken automatisch eine Beifahrerairbag-Abschaltung, die über eine spezielle Lampe im Kombiinstrument angezeigt werden muss.

Depowered Airbags

In den USA wird versucht, die Wucht des Aufblasvorgangs mit der Einführung von Depowered Airbags zu reduzieren. Dies sind Airbags mit um 20...30 % reduzierter Gasgeneratorleistung, durch die die Aufblasgeschwindigkeit und die Härte des aufgeblasenen Airbags reduziert und die Verletzungsgefahr für Insassen, die sich „Out-of-Position" befinden, verringert. Diese Airbags können von großen und schweren Insassen leichter durchgedrückt werden, d. h., sie haben ein reduziertes Energieabsorptionsvermögen.

In den USA bevorzugt man gegenwärtig die Low-Risk-Deployment-Methode. Dabei wird in Out-of-Position-Situationen nur die erste Frontairbagstufe gezündet. Bei schweren Aufprallen lässt sich dann durch Auslösen beider Generatorstufen immer noch die volle Gasgeneratorleistung zur Wirkung bringen.

Eine andere Realisierung des Low-Risk-Deployments bei einstufigen Generatoren ist das ständige Offenhalten der Abströmventile.

Intelligente Airbagsysteme

Das Verletzungsrisiko soll durch verbesserte und zusätzliche Sensierungsfunktionen und Steuermöglichkeiten des Airbag-Aufblasvorgangs bei gleichzeitiger Verbesserung der Schutzwirkung Schritt für Schritt verringert werden. Derartige Funktionsverbesserungen sind:

▶ Aufprallschwereerkennung durch weitere Optimierung des Auslösealgorithmus, bzw. durch Verwendung von ein oder zwei Upfront-Sensoren. Letztere sind in der Knautschzone (z. B. auf dem Kühlerquerträger) eingebaute Beschleunigungssensoren, die eine frühzeitige Erkennung und Unterscheidung der unterschiedlichen Aufprallarten, z. B. ODB (Offset Deformable Barrier Crash, Offset-Crash gegen weiche Barrieren), Pfahl- oder Unterfahraufpralle unter einen Lkw, ermöglichen. Sie erlauben auch eine Abschätzung der Aufprallenergie. Bei weniger schweren Unfällen, bei denen die Schutzwirkung durch den Gurtstraffer ausreicht, muss der Airbag nicht ausgelöst werden (Reduzierung der Reparaturkosten).

- Gurtbenutzungserkennung.
- Insassenpräsenz-, Positions- und Gewichtserkennung (Insassen-Klassifizierung).
- Verwendung von Gurtstraffern mit vom Insassengewicht abhängiger Gurtkraftbegrenzung.
- Sitzpositions- und Lehnenneigungserkennung.
- Verwendung von Frontairbags mit mehrstufigen Gasgeneratoren oder mit einstufigem Gasgenerator und pyrotechnisch aktivierbarem Gasauslassventil. Mit mehreren Auslöseschwellen kann die Aufblasgeschwindigkeit und die Härte der Airbags an die Unfallschwere und Art des Unfalls angepasst werden.
- Durch den Datenaustausch mit anderen Systemen, z. B. ESP (Elektronisches Stabilitätsprogramm) und Umfeldsensorik können Informationen aus der Phase kurz vor dem Aufprall dazu genutzt werden, die Auslösung der Rückhaltemittel weiter zu optimieren. Beispiel: Durch die Verwendung von ESP-Daten ist es möglich, bei bestimmten Fahrzeugüberschlagunfällen den seitlichen Windowairbag früher zu aktivieren.

Knieairbag
Frontairbags werden in einigen Fahrzeugtypen auch mit aufblasbaren Kniepolstern kombiniert, die den „Ride Down Benefit", d. h. den Geschwindigkeitsabbau der Insassen zusammen mit dem Geschwindigkeitsabbau der Fahrgastzelle, gewährleisten. Somit wird die rotationsförmige Vorwärtsbewegung von Oberkörper und Kopf, die für einen optimalen Airbagschutz benötigt wird, sichergestellt.

Darüber hinaus verhindert der Knieairbag einen Kontakt mit dem Instrumententräger und verringert so die Verletzungsgefahr in diesem Bereich.

Seitenairbag
Aufgabe
Seitenairbags, die sich zum Kopfschutz entlang des Dachausschnitts (z. B. Inflatable Tubular System, Window Bag, Inflatable Curtain) bzw. aus der Tür oder der Sitzlehne (Thoraxbag) zum Oberkörperschutz entfalten, sollen die Insassen bei einem Seitenaufprall weich abfangen und sie so vor Verletzungen schützen.

Arbeitsweise
Ein rechtzeitiges Entfalten der Seitenairbags gestaltet sich wegen der fehlenden Knautschzone und dem kleinen Abstand zwischen den Insassen und den seitlichen Fahrzeugstrukturteilen besonders schwierig. Die Zeit für die Aufprallerkennung und Aktivierung der Seitenairbags muss deshalb bei harten Seitenaufprallen bei ca. 5...10 ms liegen. Die Aufblasdauer der ca. 12 l großen Thoraxbags darf maximal 10 ms betragen.

Diese Forderungen können durch Auswertung peripherer, lateral (seitlich) messender Beschleunigungs- und Drucksensoren erfüllt werden. Diese Sensoren sind an geeigneten Stellen der Karosserie, z. B. B-Säule oder Tür, eingebaut.

Die peripheren Beschleunigungssensoren (PAS, Peripheral Acceleration Sensor) übertragen Beschleunigungswerte an das zentrale Steuergerät über eine digitale Schnittstelle. Das Steuergerät löst die Seitenairbags aus, sofern der Quersensor durch eine Plausibilitätskontrolle einen Seitenaufprall bestätigt hat.

Alternativ wird im Türhohlraum mit einem Drucksensor (PPS, Peripheral Pressure Sensor) die durch die Türdeformation hervorgerufenen Druckänderungen (Luftdruck im Türhohlraum) gemessen. Daraus resultiert eine schnelle Türaufprallerkennung. Die Ermittlung der Plausibilität erfolgt mit an tragenden, peripheren Strukturteilen montierten PAS. Sie ergibt sich jetzt eindeutig schneller als mit den zentralen Querbeschleunigungssensoren.

Überrollschutzsysteme
Aufgabe
Bei offenen Kraftfahrzeugen wie z. B. Cabriolets fehlt bei einem Unfall mit Überschlag die schützende und abstützende Dachstruktur der geschlossenen Fahrzeuge. Deshalb gab es Überrollsensierungs- und Schutzsysteme zunächst nur für Cabriolets und Roadster ohne fest installierte Schutzbügel.

Nun wird die Überrollsensierung auch für den Einsatz in geschlossenen Pkw eingesetzt. Bei einem Überschlag besteht die Gefahr, dass nicht angeschnallte Insassen vorwiegend durch die Seitenfenster herausgeschleudert und vom eigenen Fahrzeug überrollt werden, oder dass Körperteile angeschnallter Insassen (z. B. Arme) aus dem Fahrzeug herausragen und schwer verletzt werden. Zum Schutz davor werden ohnehin schon vorhandene Rückhalteeinrichtungen wie Gurtstraffer, Seiten- und Kopfairbags aktiviert. In Cabriolets werden zusätzlich die ausfahrbaren Überrollbügel oder Kassetten (hochfahrbare Kopfstützen) angesteuert.

Arbeitsweise
Aktuelle Sensierungskonzepte lösen bei einer situationskonformen Schwelle und nur bei einem Fahrzeugüberrollen, d. h. einem Überschlag um die Längsachse, der weitaus am häufigsten vorkommt, aus. Die Sensierung geschieht beim Bosch-Konzept mit einem oberflächenmikromechanischen Drehratensensor und hochauflösenden Beschleunigungssensoren in Fahrzeugquer- und -hochrichtung (y- und z-Achse).

Der Drehratesensor ist der Hauptsensor, die y- und z-Beschleunigungssensoren dienen sowohl der Plausibilitätsüberprüfung als auch dem Erkennen der Überrollart (Böschungs-, Abhang-, Bordsteinanprall- oder Bodenverhakungs- bzw. Soil-Trip-Überschlag). Diese Sensoren sind bei Bosch mit in das Airbag-Auslösegerät integriert.

Je nach Überrollsituation, Drehrate und Querbeschleunigung werden die Insassenschutzeinrichtungen an die Situation angepasst, d. h. unter automatischer Wahl und Anwendung des für den entsprechenden Überrollvorgang passenden Algorithmusmoduls nach 30…3000 ms ausgelöst.

Airbag-Steuergeräte
Die bestmögliche Insassenschutzwirkung bei einem Front-, Offset-, Schräg- oder Pfahlaufprall bewirkt ein abgestimmtes Zusammenspiel von pyrotechnischen, elektronisch gezündeten Frontairbags und Gurtstraffern. Um die Wirkung beider Schutzeinrichtungen zu maximieren, werden sie von einem gemeinsamen, in der Fahrgastzelle eingebauten Steuergerät (Airbag-Steuergerät) zeitoptimiert aktiviert. Zusätzlich ist die Steuerung für die Seitenairbags und die Überrollschutzeinrichtung integriert.

In diesem zentralen elektronischen Steuergerät, auch Auslösegerät genannt, sind derzeit folgende Funktionen integriert (Bild 6):
▶ Aufprallerkennung durch Beschleunigungssensor und Sicherheitsschalter (mechanischer Beschleunigungsschalter bei älteren Steuergeräten) oder durch zwei Beschleunigungssensoren ohne Sicherheitsschalter (redundante, vollelektronische Sensierung).
▶ Zeitrichtige Ansteuerung von Frontairbags und Gurtstraffern bei unterschiedlichen Aufprallarten in Fahrzeuglängsrichtung (z. B. Front, Schräg, Offset, Pfahl, Heck).
▶ Überrollerkennung durch Drehrate- und Beschleunigungssensoren, die im Nie-

6 Zentrales kombiniertes Steuergerät Airbag 9 (Blockschaltbild)

Klemmenbezeichnungen:
Klemme 30   Direktes Batterie-Plus, nicht über das Zündschloss geführt
Klemme 15R geschaltetes Batterie-Plus bei Zündschloss in Stellung „Radio", „Zündung ein" oder „Starter"
Klemme 31   Karosserie-Masse (an einer der Geräteanschraubstelle)

Abkürzungen:
CROD   Crash Output Digital
OC/AKSE   Occupant Classification / Automatische Kindersitzerkennung
SBE/AKSE   Sitzbelegungserkennung / Automatische Kindersitzerkennung
CAN low   Controller Area Network, Low-Pegel
CAN high   Controller Area Network, High-Pegel
CAHRD   Crash Active Head Rest Driver (Crash-aktive Kopfstütze Fahrer)
CAHRP   Crash Active Head Rest Passenger (Crash-aktive Kopfstütze Beifahrer)
UFSD   Upfront Sensor Driver
PASFD   Peripheral Acceleration Sensor Front Driver
PASFP   Peripheral Acceleration Sensor Front Passenger
BLFD   Belt Lock (Switch) Front Driver
BLFP   Belt Lock (Switch) Front Passenger
BLRL   Belt Lock (Switch) Rear Left
BLRC   Belt Lock (Switch) Rear Center
BLRR   Belt Lock (Switch) Rear Right
BL3SRL   Belt Lock (Switch) 3rd Seat Row Left
BL3SRR   Belt Lock (Switch) 3rd Seat Row Right
PPSFD   Peripheral Pressure Sensor Front Driver
PPSFP   Peripheral Pressure Sensor Front Passenger
UFSP   Upfront Sensor Passenger
PPSRD   Peripheral Pressure Sensor Rear Driver
PPSRP   Peripheral Pressure Sensor Rear Passenger
ZP   Zündpillen 1...4 bzw 21...24

FLIC   Firing Loop Integrated Circuit
PIC   Periphery Integrated Circuit
SCON   Safety Controller
µC   Mikrocontroller

der-g-Bereich (bis ca. 5 g, 1 g = 9,81 m/s²) die y- und z-Beschleunigung (Querbeschleunigung und Beschleunigung in Richtung der Hochachse) erfassen.
▸ Ansteuerung von Überrollschutzeinrichtungen.
▸ Für die Aktivierung der Seitenairbags arbeitet das Steuergerät mit einem zentralen Querbeschleunigungssensor, zwei bzw. vier peripheren Beschleunigungssensoren sowie jeweils einem im Türhohlraum eingebauten Drucksensor (PPS, Peripheral Pressure Sensor) zusammen.
▸ Spannungswandler und Energiespeicher für den Fall, dass die Versorgung durch die Fahrzeugbatterie unterbrochen wird.
▸ Selektive Auslösung der Gurtstraffer, abhängig von den Gurtschlossabfragen: Die Zündung des Airbags erfolgt nur bei gestecktem Gurtschloss (Erkennung über Gurtschlossschalter).
▸ Einstellung von mehreren Auslöseschwellen für zweistufige Gurtstraffer und zweistufige Frontairbags, abhängig vom Gurtbenutzungs- und Sitzbelegungszustand.
▸ Einlesen der Signale der Insassenklassifizierung (iBolt) und entsprechende Auslösung der Rückhaltemittel.
▸ Watchdog: Airbag-Auslösegeräte müssen hohen Sicherheitsanforderungen hinsichtlich Fehlauslösung und korrekter Auslösung im Bedarfsfall (Crash) genügen. Deshalb wurden bei der im Jahr 2003 angelaufenen Airbag-9-Generation (AB 9) von Bosch drei unabhängige Hardware-Watchdogs integriert.
▸ Zur Absetzung eines Notrufs nach einem Aufprall und zur Aktivierung sekundärer Sicherheitssysteme (Warnblinker, Öffnung der Zentralverriegelung, Abschalten der Kraftstoffpumpe, Trennen der Batterie usw.) wird vom Airbag-Steuergerät das Signal über einen erkannten Aufprall z. B. über den CAN-Bus ausgesendet.

Gasgeneratoren
Die pyrotechnischen Treibladungen der Gasgeneratoren zur Erzeugung des Airbag-Füllgases und zur Gurtstrafferbetätigung werden von einem elektrischen Zündelement aktiviert. Der Gasgenerator füllt den Airbag mit Füllgas.

Die Zündpille (Bild 7) enthält einen Behälter mit der Treibladung (1) und einen Zünddraht (5). Über die Anschlusspins (8) und eine Zweidrahtleitung ist die Zündpille mit dem Airbag-Steuergerät verbunden. Zum Auslösen des Airbags erzeugt das Steuergerät mithilfe von Zündendstufen einen Strom, der innerhalb der Zündpille durch den Zünddraht fließt. Dieser verglüht und aktiviert die Treibladung.

Der in der Lenkradnabe eingebaute Fahrerairbag (Volumen ca. 60 l) bzw. der im Bereich des Handschuhfachs eingebaute Beifahrerairbag (ca. 120 l) ist ca. 30 ms nach der Zündung gefüllt.

Wechselstromzündung
Um unerwünschte Auslösungen durch einen Kontakt des Zündelements mit der Bordnetzspannung (z. B. durch fehlerhafte Isolation im Kabelbaum) zu vermeiden,

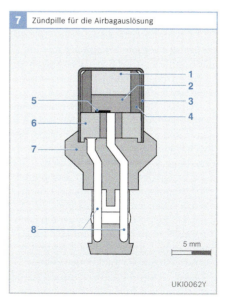

Bild 7 Zündpille für die Airbagauslösung

Bild 7
1 Treibladung
2 Zündsatz
3 Kappe
4 Ladungshalter
5 Zünddraht
6 Zündkopf
7 Gehäuse
8 Anschlusspins

wird das Zündelement durch Wechselstromimpulse mit ca. 80 kHz gezündet (AC-Firing). Ein in den Zündkreis eingefügter kleiner Zündkondensator im Stecker des Zündelements trennt den Zünder galvanisch vom Gleichstrom. Diese Trennung von der Bordnetzspannung verhindert eine ungewollte Auslösung, selbst wenn nach einem Unfall ohne Airbagauslösung die Insassen mit der Rettungsschere aus der deformierten Fahrgastzelle befreit und dabei die im Lenksäulen-Kabelbaum vorhandenen Zündleitungen durchtrennt und nach Plus und Masse kurzgeschlossen werden.

Innenraumsensierung

Insassen-Klassifizierung

Zur Insassen-Klassifizierung steht mit dem iBolt („intelligenter" Bolzen) ein Absolutgewicht messendes Verfahren zur Verfügung. Diese kraftmessenden iBolts (Bild 1, Pos. 4) befestigen den Sitzrahmen (Sitzschwinge) am Gleitschlitten und ersetzen die sonst verwendeten vier Befestigungsschrauben. Sie messen die vom Gewicht abhängige Abstandsänderung zwischen ihrer Hülse (Topf) und der mit dem Gleitschlitten verbundenen Innenschraube mit einem Hall-Element.

Out-of-Position-Erkennung

Zur Out-of-Position- Erkennung sind folgende optischen Verfahren denkbar:
- Time-of-Flight-Prinzip (TOF): Das System sendet Infrarot-Lichtimpulse aus und misst die vom Abstand der Insassen abhängige Zeit bis zum Wiedereintreffen ihrer Reflexion. Es handelt sich dabei um Messzeiten im Picosekunden-Bereich.
- Photonic-Mixer-Device-Verfahren (PMD): Ein derartiger Bildsensor sendet Lichtimpulse aus und ermöglicht räumliches Sehen und Triangulation.
- Stereo-Video-Innenraumkamera, iVision in CMOS-Technik: Sie erkennt die Insassenposition, -größe und -haltung und kann auch Komfortfunktionen (Sitz-, Spiegel-, Radio-Einstellungen), angepasst an den jeweiligen Insassen, steuern.

Ein einheitlicher Standard für die Innenraumsensierung konnte sich noch nicht durchsetzen. Es gibt z. B. auch Insassen-Klassifizierungsmatten kombiniert mit Ultraschallsensoren.

Weiterentwicklungen

Folgende weitere Verbesserungen im Bereich Insassenschutz werden entwickelt.

Airbag mit aktivem Ventilationssystem

Dieser Airbag verfügt über eine regelbare Abströmöffnung, mit der sich der Airbag-Innendruck auch bei „hineinfallenden" Insassen konstant und so die Insassenbelastung möglichst gering halten lässt. Eine einfachere Version ist ein Airbag mit „Intelligent Vents" (intelligente Ventile). Diese Ventile bleiben so lange geschlossen (und der Luftsack entleert sich noch nicht), bis sie sich infolge des durch den Insassenaufprall verursachten Druckanstiegs öffnen und Füllgas abströmen lassen. Dadurch bleibt die volle Energieaufnahmekapazität des Airbags bis zum Beginn seiner Dämpfungswirkung erhalten.

Adaptive, pyrotechnisch gesteuerte Lenksäulenentriegelung

Damit kann sich das Lenkrad bei einem harten Crash nach vorn bewegen, sodass sich der Insasse auf einem längeren Abbremsweg sanfter abfangen lässt.

Verknüpfung von passiver und aktiver Sicherheit

Beispiele für eine synergetische Nutzung von Sensoren verschiedener Sicherheitssysteme (hier ESP) sind die Funktionen ROSE II (Rollover-Sensierung II), EPCD (Early Pole Crash Detection) und PrefireESP. ROSE II nutzt zur besseren Erkennung von Bodenverhakungs-Überrollvorgängen (Soil Trip Rollover) über CAN die Signale des ESP. Mit Hilfe dieser Daten wir im Airbag-Steuergerät der Schwimmwinkel und die Lateralgeschwindigkeit berechnet. Hieraus wird die Abweichung des Fahrzeugbewegungsvektors von der Fahrzeuglängsachse und somit eine seitliche Bewegung des Fahrzeugs bestimmt.

EPCD nutzt zur besseren Erkennung eines seitlichen Pfahlaufpralls ebenfalls die Signale des ESP. Dabei wird die Tatsache genutzt, dass im Falle eines seitlichen Pfahlaufpralls das Fahrzug vor dem Aufprall schleudert; dies wird mit den Signalen des ESP erkannt. Die Information über die seitliche Bewegung des Fahrzeugs wird anschließend im Auslösealgorithmus für eine schnellere Auslösung der Seitenairbags genutzt.

PrefireESP

PrefireESP nutzt für die Erkennung instabiler oder kritischer Zustände (unter- und übersteuern, schleudern, Notbremsung) Signale aus dem ESP. Erkennt der PrefireESP-Algorithmus einen instabilen Fahrzustand, so können abgestuft Sicherheitsmaßnahmen eingeleitet werden, wie das Schließen der Fenster, des Schiebedachs, oder das Anspannen eines wiederverwendbaren (reversiblen) elektromotorischen Gurtstraffers. Dieser reduziert in einer kritischen Fahrsituation die Gurtlose und vermindert so die unkontrolliert seitliche Bewegung des Insassen, wodurch in einem folgenden Seitenaufprall der Seitenairbag seine optimale Schutzwirkung entfalten kann.

ESP kann Signale der ROSE II Niederg-Beschleunigungssensoren (y- und z-Richtung) zur besseren Erkennung instabiler Fahrzustände nutzen.

Precrash-Sensierung

Zur weiteren Verbesserung der Auslösefunktion und zur besseren Früherkennung der Aufprallart (Precrash-Erkennung) werden Relativgeschwindigkeit, Abstand und Aufprallwinkel bei einem Frontalaufprall mit Mikrowellenradar-, Ultraschall- oder LIDAR-Sensoren (optisches Verfahren mit Laserlicht) aufgenommen.

Im Zusammenhang mit Precrash-Sensierung werden wiederverwendbare Gurtstraffer (Reversible Seatbelt Pretensioners) eingesetzt. Sie sind elektromechanisch betätigt. Die Reversibilität ermöglicht es, die Gurtstraffer bereits vor einer möglichen Kollision zu straffen. Dadurch ist die Gurtlose bereits zu Crashbeginn eliminiert und die Insassen sind frühzeitig an die Verzögerung des Fahrzeugs angekoppelt.

Weitere Airbagvarianten

Für eine weitere Verbesserung der Rückhaltewirkung wird es im Thoraxteil des Gurts integrierte Airbags geben (Air Belts, Inflatable Tubular Torso Restraints oder Bag-in-Belt-Systeme), die die Gefahr von Rippenbrüchen verringern.

In die gleiche Richtung der Schutzfunktionsverbesserung geht die Entwicklung von Inflatable Headrests (Vermeidung des Schleudertraumas und von Halswirbelverletzungen durch adaptive Kopfstützen), Inflatable Carpets (Vermeidung von Fuß- und Knöchelverletzungen), zweistufigen Gurtstraffern und Active Seats. Hier wird ein Airbag im vorderen Teil der Sitzfläche aufgeblasen, um den Neigungswinkel zu erhöhen und das Nach-vorne-Gleiten (Submarining Effect) des Insassen zu erschweren.

Prädiktive Sicherheitssysteme (PSS)

Die passiven Sicherheitssysteme (Insassenschutz) befinden sich bereits auf einem hohen Niveau und haben durch ständig sinkende Zahlen der Verkehrstoten ihre Wirksamkeit unter Beweis gestellt. Durch prädiktive Systeme, die vorausschauend einen bevorstehenden Unfall erkennen, lässt sich wichtige, zusätzliche Zeit gewinnen, um Maßnahmen zur optimalen Vorbereitung von Insassen und Fahrzeug auf den Unfall einleiten.

Die Einführung von aktiven Sicherheitssystemen führt zunächst über die Komfortsysteme, da ein Fahrzeugkäufer eher bereit ist, für ein Komfortsystem Geld auszugeben. Er erwartet ein hohes Sicherheitsniveau von seinem Fahrzeug und ist daher weniger bereit, für Sicherheitssysteme zusätzliches Geld auszugeben. Bei diesem Übergang geht man davon aus, dass die Signale der Sensoren der Komfortsysteme gleichzeitig auch für die Sicherheitssysteme genutzt werden.

Der Weg zu den aktiven Sicherheitsfunktionen mit den höchsten Ansprüchen an Performance, wie aktive Unfallvermeidung in allen Situationen, führt über die prädiktiven Sicherheitssysteme (PSS, Predictive Safety System). Sie werden in drei Stufen ausgebaut.

Prädiktive Fahrerassistenzsysteme
Auf dem Weg zur Unfallvermeidung mit vollem Eingriff in die Fahrzeugdynamik werden prädiktive Fahrerassistenzsysteme zum Einsatz gelangen. Sie stützen ihre Funktionsumfänge auf die Signale neuer Sensoren, die eine Einbeziehung des Fahrzeugumfeldes gestatten. Aus der Messung der Relativgeschwindigkeit zwischen den erkannten Objekten und dem eigenen Fahrzeug können gefährliche Situationen frühzeitig erkannt werden. Aus ihnen lassen sich Warnungen und stufenweise Fahrzeugeingriffe ableiten.

In 68 % aller Auffahrunfälle ist Unachtsamkeit die Ursache (Quelle: Unfallstatistik NHTSA, National Highway Traffic Safety Administration). In weiteren 11 % kommt zur Unaufmerksamkeit noch zu dichtes Auffahren hinzu, in 9 % aller Auffahrunfälle ist zu dichtes Auffahren die alleinige Ursache. 88 % der Auffahrunfälle können somit durch Fahrerassistenzsysteme zur Längsführung beeinflusst werden.

Bild 1 zeigt die Analyse des Bremsverhaltens bei Unfällen (Quelle: GIDAS, German In-Depth Accident Study, eine der größten Unfalldatenerhebungen in Deutschland). Die GIDAS-Datenbank sagt aus, dass lediglich in 1 % der Unfälle tatsächlich eine Vollbremsung erfolgt. In etwa 45 % der Kollisionen wird nur eine Teilbremsung durchgeführt, obwohl die jeweilige Situation eine Vollbremsung erfordert hätte. In mehr als 50 % der Unfälle wird gar nicht oder nur wenig stark gebremst (Bremsverzögerung < 2 m/sec²).

Diese Analyse bestätigt, dass Unaufmerksamkeit die häufigste Ursache für Auffahrunfälle ist. Sie macht auch deutlich, welch hohen Beitrag prädiktive Fahrerassistenzsysteme zur Vermeidung von Unfällen oder zur Minderung von Unfallfolgen leisten können, wenn es gelingt, mit ihnen das Bremsverhalten des Fahrers zu unterstützen, zu beschleunigen oder durch einen Rechnereingriff vornehmen zu lassen.

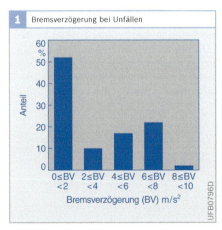

Bild 1
Quelle: GIDAS, German In-Depth Accident Study

Für die Einführung von Fahrerassistenzsystemen zur Längsführung wurde ein dreistufiges Vorgehen definiert. Alle Stufen basieren auf dem Radarsensor des ACC-Systems (Adaptive Cruise Control), da nur er die Voraussetzungen für eine sehr schnelle und genaue Entfernungsmessung zum vorausfahrenden Fahrzeug mitbringt und gleichzeitig eine Relativgeschwindigkeitsmessung zulässt. Diese Assistenzsysteme sind immer aktiv, auch wenn ACC deaktiviert ist.

Stufe 1: Vorbereitung der Bremsanlage

In der ersten Stufe (PBA, Predictive Brake Assist, Serieneinführung 2005) bereitet das System die Bremsanlage auf eine mögliche Notbremsung vor. In unfallkritischen Situationen baut es dazu Bremsdruck auf, legt die Bremsbeläge unmerklich an die Scheiben an und passt den hydraulischen Bremsassistenten an (Absenken der Auslöseschwelle). Der Fahrer gewinnt so wichtige Sekundenbruchteile, bis die volle Bremswirkung eintritt. Macht er nun eine Notbremsung, so erhält er die schnellstmögliche Bremsreaktion bei optimalen Verzögerungswerten (Bild 2) und damit den kürzestmöglichen Anhalteweg. Bleibt die Bremsung aus, werden diese Fahrzeug vorbereitenden Maßnahmen zurückgenommen. Kommt es zu einem Unfall, kann das System die Folgen mindern.

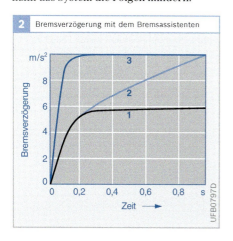

2 Bremsverzögerung mit dem Bremsassistenten

Eine typische unfallträchtige Situation ist das Einscheren eines erheblich langsameren Fahrzeugs vor dem eigenen auf der Autobahn. Ist das eine Fahrzeug 140 km/h schnell und das nur 40 m davor einscherende 80 km/h, bereitet das Predictive Safety System in nur 0,2 s die Notbremsung vor.

Bei einer Notbremsung profitiert der Fahrer vom schnelleren Ansprechen der Bremsanlage, die bei trockenen Bremsscheiben etwa 30 msec Zeitgewinn bringt. Allein hierdurch wird die Unfallwahrscheinlichkeit für den Auffahrunfall um einige Prozent reduziert. Bei nassen Bremsscheiben, die durch die Vorbefüllung trocken gewischt werden, kann diese Reduktion noch deutlich höher sein.

Zudem werden alle zu zaghaften Bremsvorgänge (die mittleren Balken in Bild 1) bei noch vorhandener Gefahrensituation im Bremsfall positiv beeinflusst, wodurch eine weitere Reduktion der Unfälle erreicht wird.

In ungefähr der Hälfte aller Kollisionen prallen die Fahrzeuge ungebremst auf das Hindernis auf. Dieser Art von Unfällen können die zwei Folgegenerationen des Predictive Safety Systems entgegen wirken.

Stufe 2: Warnung bei drohenden Auffahrunfällen

PCW (Predictive Collision Warning) bereitet nicht nur die Bremsanlage (Funktionsumfang von PBA) vor, es warnt den Fahrer zudem rechtzeitig vor kritischen Verkehrssituationen und kann damit in vielen Fällen Unfälle verhindern. Dazu löst das System einen kurzen, starken Bremsruck aus. Wie Fahrerstudien gezeigt haben, lenkt der Bremsimpuls die Aufmerksamkeit des Fahrers am Besten auf das Fahrgeschehen, da der Mensch auf diese kinästhetische Warnung am schnellsten reagiert. Alternativ oder zusätzlich kann das System den Fahrer auch durch optische oder akustische Signale sowie durch An-

Bild 2
1 Unzureichende Bremsung
2 zögerliche Bremsung
3 Bremsung mithilfe des Bremsassistenten

ziehen des normalerweise lose anliegenden Sicherheitsgurtes alarmieren.

Durch PCW lassen sich zusätzlich zu den Unfallsituationen, in denen PBA wirkt, auch die in Bild 1 dargestellten Fälle adressieren, bei denen gar nicht gebremst wird (ca. 52% der Auffahrunfälle).

Beim zuvor dargestellten Beispiel mit dem einscherenden Fahrzeug bereitet PCW in nur 0,2 s die Notbremsung vor. Im Unterschied zur 1. Generation des Sicherheitssystems wird der Fahrer jedoch zusätzlich gewarnt, falls er in den folgenden 0,3 s nicht ausweicht oder bremst. Der Fahrer kann in diesem Fall den Aufprall noch durch Ausweichen abwenden. Bremst er nur, kann er sein Fahrzeug zumindest noch erheblich verzögern. Während die Fahrzeuge ohne Fahrerwarnung ungebremst aufeinanderprallen, reduziert das Predictive Safety System die Aufprallgeschwindigkeit und damit die Unfallschwere wesentlich. Abhängig von den Sensorinformationen wird das System den Fahrer in vielen Situationen sogar so frühzeitig warnen, dass der Unfall auch durch alleiniges Bremsen vermieden werden kann.

Die Serieneinführung der PCW-Funktion erfolgte 2006 im Audi Q7.

Stufe 3: Notbremsung bei unvermeidbaren Kollisionen

Die Automatische Notbremsfunktion PEB (Predictive Emergency Braking), die dritte Ausbaustufe des Predictive Safety Systems, wird nicht nur eine unvermeidbare Kollision mit einem vorausfahrenden Fahrzeug erkennen, das System löst in diesem Fall eine automatische Notbremsung mit maximaler Fahrzeugverzögerung aus. Damit reduziert es insbesondere die Schwere eines Unfalls, wenn der Fahrer nicht oder nur unzureichend auf die vorausgegangenen Warnungen reagiert hat.

Die automatische Steuerung der Fahrzeugfunktion verlangt eine sehr hohe Sicherheit bei der Erkennung von Objekten und der Abschätzung des Unfallrisikos. Um die Unvermeidbarkeit der Kollision noch sicherer zu erkennen, können weitere Messsysteme, beispielsweise Videosensoren, die Radarsensorik unterstützen (Sensordatenfusion).

Für derart schwerwiegende Eingriffe in die Fahrzeugdynamik wird es noch erforderlich sein, die rechtlichen Voraussetzungen für den Einsatz des Systems im öffentlichen Straßenverkehr zu schaffen.

In-Crash Braking

Sehr häufig wird bei Auffahrunfällen das vom Auffahrenden getroffene Fahrzeug nach vorn oder zur Seite geschleudert und verursacht dadurch weiteren Schaden. Crash-Sensoren können eine solche Situation erkennen und eine Bremsung auslösen, die das getroffene Fahrzeug zum Stillstand bringt. Hierdurch lassen sich mit geringem Aufwand Sekundärunfälle vermeiden, da der Mensch wegen des Unfallschocks nach einem ersten Crash häufig nicht schnell und sicher genug reagieren kann.

Fußgängerschutz

Fußgänger und Radfahrer sind im Straßenverkehr besonders gefährdet. Beim größten Teil der Unfälle kollidiert der Fußgänger bzw. Radfahrer mit der Fahrzeugfront. Schwere Verletzungen können entstehen, wenn z. B. der Kopf auf die Motorhaube aufprallt. Der europäische Standard zum Fußgängerschutz (EC-Richtlinie, 2005 eingeführt) schreibt deshalb vor, dass die Motorhaube in den kritischen Zonen einen Teil der Aufprallenergie absorbieren muss, um das Verletzungsrisiko zu mindern. Die zweite Stufe der EC-Richtlinie, die 2010 in Kraft treten soll, sieht noch strengere Vorschriften vor.

Bei einem passiven Schutzsystem verringern konstruktive Maßnahmen an der Fahrzeugfront des Fahrzeugs das Verletzungsrisiko. Eine Alternative hierzu sind elektronisch gesteuerte Systeme, die Kollisionen mit Fußgängern erkennen und Schutzsysteme wie z. B. eine aktive Motorhaube ansteuern.

Elektronisches Fußgängerschutzsystem

Das elektronische Fußgängerschutzsystem EPP (Electronic Pedestrian Protection) erkennt Kollisionen innerhalb von 10...15 ms nach dem Aufprall mithilfe von zwei oder drei im vorderen Stoßfänger integrierten mikromechanischen Beschleunigungssensoren (PCS, Pedestrian Contact Sensor).

Das Steuergerät berechnet aus den Sensorsignalen die Masse und die Steifigkeit des getroffenen Objekts, um zwischen Fußgängern und Objekten zu unterscheiden, bei denen das Schutzsystem nicht ausgelöst werden muss. Die EPP-Funktion lässt sich in das Airbag-Steuergerät integrieren oder in einem separaten Steuergerät realisieren.

Im Falle einer Kollision mit einem Fußgänger hebt die Aktorik innerhalb von Sekundenbruchteilen z. B. die Motorhaube um 8...10 cm an, um dem aufprallenden Körper eine wirksame Knautschzone zu bieten.

Das Bosch-System kann sowohl reversible als auch irreversible Aktoren ansteuern. Die reversiblen Aktoren arbeiten elektromechanisch mit Federsystemen, die über Elektromagnete ausgelöst werden. Irreversible Aktoren werden pyrotechnisch ausgelöst, ähnlich wie die Gasgeneratoren der Airbagsysteme. Mit ihnen sind kürzere Auslösezeiten möglich.

Alternativ zur aktiven Motorhaube sind auch Außenairbags als Aufprallschutz – z. B. an der Windschutzscheibe – denkbar.

Ausblick

Zukünftig werden Daten aus der Umfeldsensorik (z. B. Videokamera) verarbeitet und so Synergien mit anderen Fahrzeugsystemen, z. B. den Fahrerassistenzsystemen, geschaffen. Die Signale der Umfeldsensoren kann das Fußgängerschutzsystem nutzen, um über eine Vorausberechnung der drohenden Kollision noch schneller zu reagieren.

Fahrzeugnavigation

Navigationssysteme haben in den letzten Jahren eine weite Verbreitung gefunden. Neben den zum Festeinbau in Fahrzeugen vorgesehenen Systemen kommen zunehmend Systeme auf den Markt, die portabel sind und außer der Stromversorgung keine Verbindung zum Fahrzeug benötigen. Allen Systemen gemeinsam sind die Grundfunktionen Ortung, Zielauswahl, Routenberechnung und Zielführung.

Navigation ist der ständige Vergleich der Fahrzeugposition mit dem Verlauf einer zuvor bestimmten Route. Das Ergebnis dieses Vergleichs ergibt für den Fahrer eine Zielführung durch visuelle Darstellung (z. B. Richtungspfeile, Ausschnitt des Stadtplans) und/oder Sprachausgabe von Fahrempfehlungen.
  Nach Eingabe des Fahrtziels berechnet das Navigationsgerät die Route dorthin in einer digitalen Straßenkarte. Die Fahrzeugposition wird jeweils mithilfe von Ortungssatelliten bestimmt.

Navigationsgeräte

Systemübersicht

Ein Navigationsgerät, wie es im Fahrzeug fest eingebaut ist, besteht aus folgenden Komponenten (Bild 1):
- Antennen (getrennte Anordnung oder als Kombinationsantenne zusammengefasst) für den Empfang der Satellitensignale, Radio und Telefon (optional).
- GPS-Empfänger für die Auswertung der Satellitensignale.
- Navigationsrechner.
- Bedienteil mit Tasten oder anderen Bedienelementen wie Dreh-Druckknopf, Touchscreen usw. (für Eingaben in den Navigationsmenüs, z. B. Ziele, Routenoptionen) sowie Multifunktionsdisplay (Anzeige der Fahrempfehlungen, Landkarte und Menüführung).
- Fahrgeschwindigkeitssensor (Signal wird als Impulsfolge oder als numerischer Wert über CAN-Bus übertragen).
- Drehratesensor (zur Erfassung der Drehbewegung des Fahrzeugs um die Hochachse und somit zur Erkennung von Richtungsänderungen des Fahrzeugs).

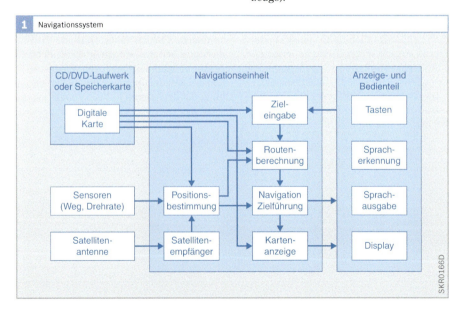

Bild 1: Navigationssystem

- CD/DVD/HD-Laufwerk oder Steckvorrichtung für Speicherkarten.
- Digitale Karte, gespeichert z. B. auf CD, DVD, HD (Festplatte), SD-Karte o. ä.
- RDS-TMC-Empfänger (Radio).
- Lautsprecher (für Radiobetrieb und akustische Ausgabe von Fahrempfehlungen).

Geräteausführungen
Fahrzeuge können ab Werk mit fest eingebauten Navigationsgeräten ausgestattet werden (Erstausrüstung). Festeinbaugeräte für den Handelsmarkt haben wegen des Einbauaufwandes gegenüber den portablen Navigationsgeräten an Marktanteilen verloren. Der Festeinbau im Fahrzeug ermöglicht gegenüber portablen Geräten eine bessere Ortungs- und somit eine bessere Zielführungsqualität, da zusätzliche Sensoren für Weg- und Richtungssignale (Fahrgeschwindigkeitssensor und Drehratensensor) verwendet werden können und die Antenne für den Satellitenempfang an günstigerer Stelle montiert sein kann. Bei Erstausrüstung ist auch eine Vernetzung mit anderen Komponenten üblich und damit eine Integration in das Bedienkonzept des Fahrzeugs möglich. Sprachausgaben können über die Audioanlage erfolgen und bei Telefonaten stumm geschaltet werden. Die Zielführungsinformationen können im Kombiinstrument oder Head-up Display und damit im primären Blickfeld des Fahrers angezeigt werden.

Für alle Funktionen ist eine digitale Karte des Straßennetzes erforderlich, die – abgesehen von Off-Board-Navigationssystemen (siehe Abschnitt „Verkehrstelematik") – auf den oben genannten Datenträgern gespeichert ist.

Ortung

Die Positionsbestimmung beruht in erster Linie auf der Nutzung des Satellitenortungssystems GPS (Global Positioning System). Portable Systeme verwenden dieses ausschließlich, während fest eingebaute Systeme zusätzlich eine Koppelortung durchführen, wenn sie über zusätzliche Sensoren verfügen.

Satellitenortungssystem GPS
Satelliten
Das Satellitenortungssystem GPS dient derzeit allen Navigationssystemen für die Positionsbestimmung des Kraftfahrzeugs. Es beruht auf einem Netz von 24 zusammenwirkenden, militärischen US-Satelliten, die weltweit für diesen Zweck genutzt werden können (Bild 2).

Die Satelliten umkreisen die Erde auf sechs verschiedenen Umlaufbahnen in einer Höhe von ca. 20 000 km jeweils im 12-Stundentakt. Sie sind so verteilt, dass von jedem Punkt auf der Erde stets mindestens vier (meist bis zu acht) über dem Horizont sichtbar sind.

Die Satelliten senden auf einer Trägerfrequenz von 1,57542 GHz 50-mal pro Sekunde spezielle Positions-, Identifikations- und Zeitsignale aus. Zur hochgenauen Bestimmung der Sendezeit stehen an Bord

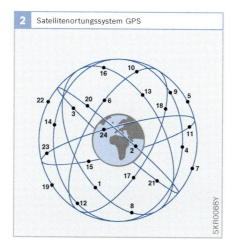

Bild 2
1...24
24 Satelliten dienen der Positionsbestimmung des Fahrzeugs

der Satelliten je zwei Cäsium- und zwei Rubidiumuhren zur Verfügung, die eine Abweichung von weniger als 20…30 ns aufweisen.

Positionsbestimmung

Die Satellitensignale treffen von den verschiedenen Satelliten wegen der unterschiedlichen Laufzeiten zeitversetzt beim Fahrzeug ein. Die Berechnung der Position des Empfängers erfolgt nach dem Verfahren der Trilateration. Wenn die Signale von mindestens drei Satelliten eintreffen, kann ein Rechner im GPS-Empfänger seine eigene geografische Position zweidimensional (geographische Länge und Breite, jedoch nicht die Höhe) berechnen. Es gibt genau einen Punkt, der die Abstandsbedingungen (Signallaufzeiten) erfüllt. Treffen die Signale von mindestens vier Satelliten ein, ist eine dreidimensionale Positionsberechnung möglich. Bild 3 zeigt dieses Verfahren vereinfacht in nur zwei Raumdimensionen.

Genauigkeit

Die erreichbare Genauigkeit hängt von der Stellung der empfangbaren Satelliten relativ zum Fahrzeug ab. Je größer der aufgespannte Raumwinkel (Bild 4) der Satelliten zum Fahrzeug ist, um so besser ist die Positionsbestimmung möglich. Die erreichbare Genauigkeit der Positionsbestimmung liegt in der Ebene bei ca. 3…5 m, bei der Höhenbestimmung bei etwa 10…20 m.

Der Empfang der Satellitensignale kann beeinträchtigt werden (Bild 5). In tiefen Häuserschluchten können Satellitensignale nur empfangen werden, wenn die Satelliten weitgehend in einer Linie, nämlich der Richtung der Straße entsprechend angeordnet sind. Dann ist jedoch der von den Satelliten aufgespannte Raumwinkel sehr gering und die Positionsbestimmung ungenau.

Bild 4
Der Raumwinkel ist definiert als Quotient von der von den Punkten (Satellitenposition) aufgespannten Fläche zum Quadrat des Abstands zur Erdoberfläche

Bild 5
1 GPS-Satellit
2 Fahrzeug
3 Täler
4 Häuserschluchten
5 Tunnel und Tiefgaragen

Bild 3
Vereinfachte Darstellung in der Ebene (zweidimensional): Bei bekannter Position der Satelliten liegen bei den gemessenen Laufzeiten t_1 und t_2 die möglichen Empfangsorte auf zwei Kreisen um die Satelliten, die sich in den Punkten A und B schneiden. Der auf der Erdoberfläche liegende Punkt A ist der gesuchte Standort des Empfängers.

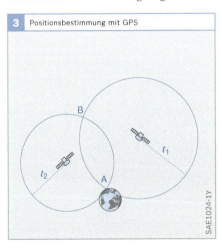

3 Positionsbestimmung mit GPS

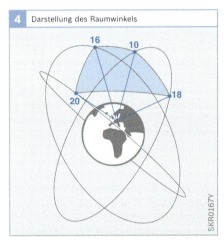

4 Darstellung des Raumwinkels

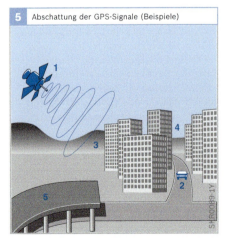

5 Abschattung der GPS-Signale (Beispiele)

Fehler bei der Positionsbestimmung können auch durch Reflektion der Satellitensignale z. B. an metallisierten Gebäudefronten entstehen.

Fahrtrichtungsbestimmung
Die Fahrtrichtung kann im Prinzip über die Auswertung von aufeinander folgenden Positionen berechnet werden. Aufgrund der Ungenauigkeit in der Positionsbestimmung kann der Richtungsfehler bei niedrigen Geschwindigkeiten und damit kurzen Messstrecken unakzeptabel groß werden.

Eine schnellere Erfassung der Fahrtrichtung ergibt sich über die Unterschiede in der Empfangsfrequenz der Satelliten, die durch den Dopplereffekt entstehen (Bild 6). Fährt das Auto auf den Satelliten zu, sieht der GPS-Empfänger des Navigationsgeräts eine höhere Frequenz als die Sendefrequenz. Vom zurückliegenden Satelliten empfängt er eine niedrigere Frequenz (analog Tonhöhenunterschied bei vorbeifahrendem Polizeiauto mit Martinshorn). Dieser Effekt ist ab einer Fahrgeschwindigkeit von ca. 30 km/h ausreichend groß für eine Richtungsbestimmung.

Koppelortung
Die Koppelortung stellt eine Positionsbestimmung auch dann sicher, wenn z. B. in Tunnels keine GPS-Signale empfangen werden können. Sie addiert zyklisch erfasste Wegelemente vektoriell nach Betrag und Richtung.

Zur Wegmessung wird ein Impulssignal oder das von ABS oder ESP über den CAN-Bus übertragene Tachosignal verwendet. Richtungsänderungen werden von einem Drehratesensor (Gyro) erfasst. Damit wird die Fahrtrichtung ausgehend von einer absoluten Richtung bestimmt, die zuvor einmal über den Dopplereffekt aus den GPS-Signalen berechnet worden sein muss.

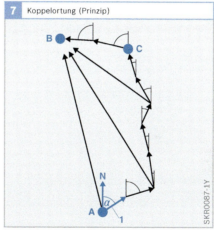

Bild 7
A Bekannter Startpunkt
B Ziel
C gegenwärtiger Standort (berechnete Position)
N Nordachse
1 gerichtetes Streckenelement (Abweichung von Nordachse im Winkel α)

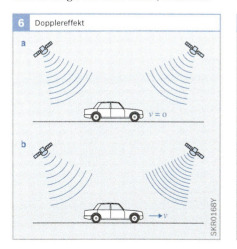

Bild 6
a Ausbreitung der Wellen von einem ruhenden Punkt auf der Erdoberfläche aus betrachtet
b Ausbreitung der Wellen vom fahrenden Auto aus betrachtet

Map Matching

Ein als Map Matching bezeichnetes Verfahren vergleicht die Ortungsposition ständig mit dem Straßenverlauf der digitalen Karte (Bild 9), damit die Fahrzeugposition auch bei Ortungsungenauigkeiten (verursacht z. B. durch fehlendes GPS-Signal und Fehler bei der Koppelortung) exakt in der Karte dargestellt wird und Fahrempfehlungen der Zielführung am optimalen Ort ausgegeben werden können. Außerdem können Sensorfehler und sich akkumulierende Fehler der Koppelortung hiermit ausgeglichen werden.

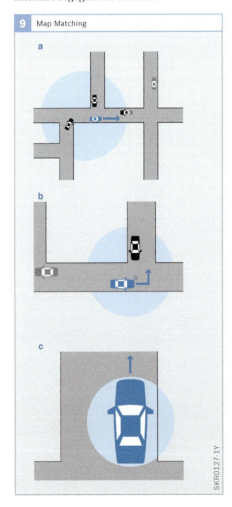

Bild 9
a Erste grobe Ortung durch GPS-System
b nach wenigen Metern Identifikation der befahrenen Straße. Drehratesensor registriert das Abbiegen.
c Position ist punktgenau bestimmt und wird durch ständigen Abgleich der Sensordaten mit der digitalen Karte auf aktuellem Stand gehalten.

Bild 10
Farbige Karten informieren über Parkplätze, Tankstellen, Sehenswürdigkeiten (POI, Point of Interest)

Zielauswahl

Die digitale Karte enthält Verzeichnisse, um ein Fahrziel als Adresse eingeben zu können. Hierzu sind Listen aller verfügbaren Orte erforderlich. Zu allen Orten existieren wiederum Listen mit den Namen der gespeicherten Straßen. Zur weiteren Präzisierung von Zielen können auch Kreuzungen von Straßen oder Hausnummern ausgewählt werden..

Für Flughäfen, Bahnhöfe, Tankstellen, Parkhäuser usw. gibt es thematische Verzeichnisse, in denen diese Ziele (Point of Interest, POI) aufgelistet sind. Diese Verzeichnisse ermöglichen es z. B., eine Tankstelle in der näheren Umgebung zu finden (Bild 10).

Ziele können bei vielen Systemen auch in der Kartenanzeige markiert werden. Hierzu kann beispielsweise ein Fadenkreuz mit Cursortasten bewegt werden. Bei manchen Systemen mit Touchscreen kann man direkt auf die gewünschte Stelle tippen.

Ein Zielspeicher ermöglicht es, bereits benutzte Ziele wieder abzurufen (z. B. die zuletzt verwendeten Ziele oder die am häufigsten benutzten Ziele).

Routenberechnung

Standardberechnung

Ausgehend vom aktuellen Standort berechnet das Navigationsgerät eine Route, die zum eingegebenen Ziel führt. Die Berechnung lässt sich den Wünschen des Fahrers anpassen. Er kann verschiedene Optionen vorgeben, wie z. B.
- Optimierung der Route nach Fahrzeit,
- Berechnung der kürzesten Fahrstrecke,
- Berechnung einer Route, die zu einem ausgewogenen Mittel zwischen kurzer Fahrstrecke und Fahrzeit führt (ökonomischer Mix),
- mögliches Meiden von Autobahnen, Fährverbindungen oder mautpflichtigen Straßen.

Fahrempfehlungen entlang der Route werden in weniger als einer halben Minute nach Eingabe des Ziels erwartet. Problematisch ist die Neuberechnung, wenn der Fahrer die empfohlene Route verlässt. Die neuen Fahrempfehlungen müssen gegeben werden, noch bevor die nächste Kreuzung oder Abzweigung erreicht ist. Dies kann besonders in engmaschigen Innenstadtnetzen innerhalb weniger Sekunden der Fall sein. Liegt dann keine neue Route vor, verlässt der Fahrer möglicherweise ungewollt die neu berechnete Route gleich wieder.

Eine „Stau"-Taste ermöglicht dem Fahrer die interaktive Sperrung voraus liegender Strecken und die Berechnung einer alternativen Route. Durch eine eingebbare Distanz kann der Fahrer angeben, wie weiträumig er die Störung umfahren will.

Dynamisierte Routen

Viele Rundfunksender übertragen Verkehrsmeldung nicht nur als gesprochenen Text, sondern auch in codierter Form. Hierzu gibt es den ALERT-C-Standard für den Traffic-Message-Channel (TMC). Die Übertragung der TMC-Inhalte erfolgt über das Radio-Data-System (RDS) des UKW-Rundfunks.

Die codierten Meldungen enthalten u. a. den Ort (Location) einer Störung, seine Ausdehnung im Netz (Extension), die tatsächliche Länge und den Grund (Event). Als Locations dienen festgelegte Nummerncodes für alle Autobahnanschlussstellen und Knotenpunkte sowie für wichtige Kreuzungen im Bundesstraßennetz. Die Extension gibt an, in welcher Richtung und über wie viele weitere Locations sich eine Störung erstreckt.

Ein Navigationssystem kann eine solche codierte Meldung empfangen. Es ordnet die Location und die Extension über ein Referenzierungsverfahren (s. Telematik)

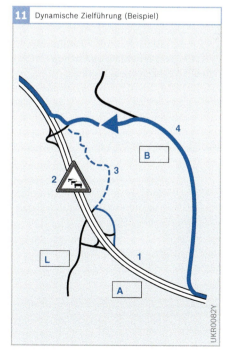

Bild 11 Dynamische Zielführung (Beispiel)

Bild 11
1 Ursprüngliche Hauptroute
2 Stau
3 vom Fahrer eingeschätzte Alternativroute
4 durch dynamische Zielführung automatisch berechnete günstigste Alternativroute
A Autobahn
B Bundesstraße
L Landstraße

seiner digitalen Karte zu und kann feststellen, ob eine Störung auf einer geplanten Route liegt. Ist dies der Fall, wird die Route neu berechnet, wobei der gestörte Abschnitt aufgrund der gemeldeten Störungslänge und des Events mit einer längeren Fahrzeit bewertet wird. In vielen Fällen ergibt sich dadurch eine neue Route, die die Störung umgeht (Bild 11). Der Fahrer erhält den Hinweis, dass die Route aufgrund von Verkehrsmeldungen neu berechnet wurde. Entsprechend der neuen Route folgen dann die weiteren Fahrempfehlungen.

In den Fällen, in denen die Umfahrung länger dauern würde als z. B. die gestörte Strecke in zäh fließendem Verkehr zu durchfahren, kann die Route auch unverändert bleiben. In diesem Fall erhält der Fahrer zu Beginn der gestörten Strecke einen Warnhinweis, der ihn auf die Störung aufmerksam macht.

Da die erforderlichen TMC-Location-Codes aufgrund des Übertragungskanals in ihrer Anzahl begrenzt sind, sind sie auf Autobahnen und wichtige Fernstraßen im Sekundärnetz beschränkt.

Systeme mit dynamischer Zielführung sind seit 1998 erhältlich und haben schnelle Verbreitung gefunden.

Zielführung

Fahrempfehlungen
Die Zielführung erfolgt durch Vergleich der aktuellen Fahrzeugposition mit der berechneten Route. Die Fahrempfehlungen werden in erster Linie akustisch ausgegeben (Sprachausgabe). Der Fahrer kann diesen Empfehlungen ohne Ablenkung vom Verkehr folgen. Grafiken möglichst im primären Blickfeld (z. B. Kombiinstrument) unterstützen die Verständlichkeit. Sie reichen von einfachen Pfeilsymbolen (Bild 12a) bis hin zu einer in der Größe optimal angepassten Darstellung eines Kartenausschnitts (Bild 12b und Bild 10).

Die Prägnanz dieser akustischen und grafischen Empfehlungen ist maßgebend für die Qualität der Zielführung. Viele Systeme bieten auch eine Kartenanzeige an, in der die Route hervorgehoben dargestellt wird. Prinzipiell stellt die Karte auf dem Display während der Fahrt immer eine erhöhte Ablenkungsgefahr für den Fahrer dar.

Bild 12
a Große Piktogramme unterstützen die akustische Zielführung
b Darstellung der Route in einer Karte Verkehrsinformationen (z. B. Stau) werden als Symbole in der Karte angezeigt und bei der Zielführung berücksichtigt.

Digitale Karte

Kartendarstellung
Die Darstellung der Karte auf Farbdisplays erfolgt je nach System über Maßstäbe ab ca. 1:2 000 in 2-D-, perspektivischer 2-D- (Pseudo-3D) oder echter 3-D-Darstellung.

Die digitale Karte enthält nicht nur eine detaillierte Beschreibung des Straßennetzes, sondern auch mehrere generalisierte Darstellungsebenen, die vergleichbar mit den verschieden detaillierten Darstellungen in Karten eines Straßenatlas mit unterschiedlichen Maßstäben sind (Beispiele in Bild 10 und Bild 12b). Diese Ebenen werden benötigt, um Fernrouten durch die große Anzahl von Straßenabschnitten der digitalen Karte in akzeptabler Zeit ermitteln zu können. Sie dienen auch dem schnellen Verändern der Maßstäbe in einer Kartendarstellung.

Digitalisierung
Die Grundlage für die Digitalisierung der Daten bilden hochpräzise amtliche Karten, Satelliten- und Luftaufnahmen. Bei unzureichenden oder nicht aktuellen Vorlagen werden Vermessungen vor Ort vorgenommen. Die Digitalisierung wird manuell aus Kartenmaterial bzw. Satelliten- und Luftbildern durchgeführt. Anschließend werden Namen und Klassifikation der Objekte (z. B. Straßenzüge, Gewässer, Grenzen) in die Datenbasis integriert.

Durch Befahrung von Straßen mit speziell ausgerüsteten Fahrzeugen werden zusätzliche verkehrsrelevante Attribute (z. B. Einbahnstraßen, Durchfahrtsbeschränkungen, Über- und Unterführungen, Abbiegeverbote an Kreuzungen) erfasst und die Daten der Erstdigitalisierung vor Ort geprüft. Die Ergebnisse der Befahrung fließen in die Datenbasis mit ein und werden zur Anfertigung digitaler Landkarten verwendet.

Datenspeicher
Als Speicher für die digitale Karte ist die CD weit verbreitet. Die DVD mit einer mehr als siebenfachen Kapazität kann das Straßennetz weitaus größerer Gebiete aufnehmen und hat deshalb die CD in zunehmendem Maß verdrängt.

Für portable Systeme wird die digitale Karte vorzugsweise auf Halbleiterchips (z. B. SD-Karten) gespeichert, deren Kapazität inzwischen die einer CD überschreitet.

Erste Systeme sind auch mit fahrzeugtauglichen Harddisks (Festplatten) ausgerüstet. Ihre noch höhere Kapazität ermöglicht noch umfangreichere Karteninhalte. Die Beschreibbarkeit von Harddisks ermöglicht es dem Navigationssystem zukünftig, Daten über Vorzugsrouten oder Fahrverhalten – wie z. B. die mittleren Geschwindigkeiten auf verschiedenen Straßenklassen – zu sammeln und bei späteren Routen in Betracht zu ziehen. Die Systeme können auf diese Weise lernfähig werden.

Die Datenstrukturen der digitalen Karte im Fahrzeug sind bis heute herstellerspezifisch, sodass es oft nicht möglich ist, Datenträger zwischen Systemen unterschiedlicher Hersteller oder Fahrzeugtypen auszutauschen. Ein Standard, der eine Austauschbarkeit gewährleisten soll, ist jedoch bereits in Bearbeitung.

Verkehrstelematik

Zur Verkehrstelematik gehören Systeme, die verkehrsrelevante Informationen von und zu Fahrzeugen übertragen und diese meist automatisch auswerten. Neben Mautsystemen, die auch zur Verkehrstelematik gerechnet werden können, beschränkt sich diese bis heute weitgehend auf die Übermittlung von Verkehrsnachrichten von Leitzentralen zu den Fahrzeugen.

Die Möglichkeit, Informationen zwischen Fahrzeugen auszutauschen und so ohne Nutzung von Infrastruktur Meldungen weiter zu reichen, könnte in den nächsten Jahren zunehmend an Bedeutung gewinnen.

Verkehrsnachrichten

Mit Verkehrsnachrichten werden bisher im Wesentlichen Verkehrsstörungen gemeldet. Es bleibt dem Fahrer oder dem Navigationssystem im Fahrzeug überlassen, wie auf die Informationen reagiert wird. Der Fahrer kann die Meldung als Warnung entgegennehmen und seine Fahrt trotzdem auf der ursprünglicher Route fortsetzen, oder er lässt sich vom Navigationssystem eine Alternativroute berechnen, um die Störung zu umgehen. Dabei gehen diese Systeme von der Annahme aus, dass alle Straßen, für die keine Verkehrsnachrichten vorliegen, in vollem Leistungsumfang nutzbar sind. Diese Annahme trifft jedoch nur bedingt zu, da für überlastete Regional- und Innenstadtstraßen bisher keine codierten Verkehrsmeldungen ausgesendet werden und die Alternativrouten im Fall von Vollsperrungen oft nicht in der Lage sind, den abgeleiteten Verkehr voll aufzunehmen.

Alternativroutenempfehlungen werden durch Leitzentralen nur selten ausgegeben. Diese beschränken sich dann auf ausgeschilderte Standardumleitungen zu Autobahnabschnitten oder sind sehr unpräzise, indem sie Ortskundigen eine weiträumige Umfahrung empfehlen. Solche Umgehungsempfehlungen sind nicht automatisch auswertbar.

Erst in den letzten Jahren haben Forschungsprojekte (z. B. INVENT, Intelligenter Verkehr und nutzgerechte Technik)

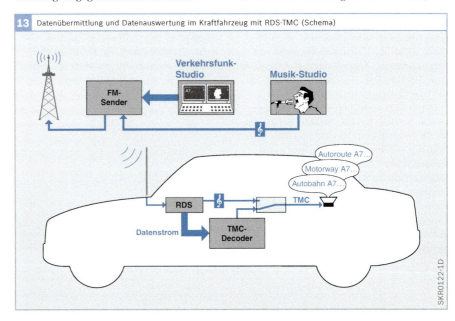

13 Datenübermittlung und Datenauswertung im Kraftfahrzeug mit RDS-TMC (Schema)

Möglichkeiten untersucht, Alternativroutenempfehlungen in Abhängigkeit von Fahrzielen in Verkehrsmeldungen zu übertragen. Auf diese Weise sollen Verkehrsströme so aufgeteilt werden, dass Ausweichstrecken nicht überlastet werden.

Übertragungswege

Als Übertragungswege für die Telekommunikation stehen heute in erster Linie der Rundfunk sowie die Mobilfunknetze zur Verfügung.

Im herkömmlichen analogen FM-Rundfunk (UKW) wird das Radio Data System (RDS) verwendet, um Verkehrsnachrichten in einem darin definierten Traffic Message Channel (TMC) zu übertragen (Bild 13). Der RDS-Datenkanal ist jedoch sehr schmalbandig ausgeführt (ca. 100 Bit/s), da er auf ein Seitenband (Oberwelle der Stereo-Pilotfrequenz) moduliert ist. Im TMC werden Orte und Ursachen von Störungen als numerisch vordefinierte Codes übertragen. Hinzu kommen Länge und ggf. voraussichtliche Dauer.

Als digitales Rundfunkverfahren kommt das Digital Audio Broadcast (DAB) für die Datendienste TMC und TPEG hinzu.

Es gibt auch Mobilfunk-Provider, die TMC-codierte Meldungen gegen Gebühr über GSM (Global System for Mobile Communications, Standard für volldigitale Mobilfunknetze) übertragen.

Der Rundfunk ermöglicht nur den Weg ins Fahrzeug und nicht die Übermittlung individueller Nachrichten vom Fahrzeug zu einer Dienstezentrale. Mit dem Mobilfunknetz ist eine Übertragung in beiden Richtungen über Short Message Services (SMS) und General Packet Radio Service (GPRS) möglich (Bild 14).

Die Informationsmenge ist jeweils durch die Bandbreite der verfügbaren Übertragungskanäle begrenzt. Diese wurde mit moderner Technik immer größer, jedoch hängen Übertragungskosten von der Datenmenge ab, sodass auch weiterhin eine möglichst redundanzfreie Codierung erstrebenswert ist.

Zum Austausch von Informationen zwischen Fahrzeugen untereinander oder von

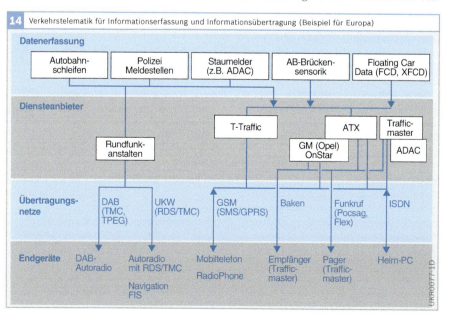

14 Verkehrstelematik für Informationserfassung und Informationsübertragung (Beispiel für Europa)

Fahrzeugen zu straßenseitig installierten Einheiten wird der Einsatz von drahtlosen ad-hoc-Netzwerken nach dem WLAN-Standard angestrebt.

Standardisierung

Die Standardisierung von Meldungsinhalten ist eine wichtige Voraussetzung, um Systeme mit Erfolg im Markt zu etablieren. Informationen aus verschiedenen Quellen müssen von unterschiedlichen Endgeräten ausgewertet werden können.

Der bestehende ALERT-C-Standard für den Traffic-Message-Channel des Radio-Data-Systems (RDS-TMC) hat sich seit Jahren bewährt. Er definiert Meldungen über die Art von Verkehrsstörungen (z. B. Stau, Vollsperrung), über Ursachen (z. B. Unfall, Glatteis), über die voraussichtliche Dauer sowie über die Identifikation der betroffenen Straßenabschnitte. Eine numerische Codierung für einzelne Verkehrsknoten, längere Autobahnabschnitte und geographische Regionen existiert bereits in vielen Ländern, ist aber auf Hauptverkehrswege (Autobahnen und Bundesstraßen) begrenzt.

Deshalb wird an neuen Verfahren gearbeitet, die keine vordefinierten Codes mehr benötigen und deshalb auch Dynamisierungsmöglichkeiten auf innerstädtischen Straßen ermöglichen werden.

Der in Entwicklung befindliche TPEG-Standard (Transport Protocol Experts Group) wird zusätzliche Informationen wie z. B. Parkinfos und Wetterservice beinhalten.

Referenzierung

Verkehrsmeldungen beziehen sich immer auf eine digitale Karte, also auf eine Abbildung des realen Straßennetzes auf Datenstrukturen. Diese sind jedoch keineswegs standardisiert und können sowohl von ihrem Datenmodell als auch von ihrem Koordinatenbezugssystem, ihrer Genauigkeit, ihrem Inhalt und ihrem Aktualitätsstand wesentlich voneinander abweichen.

Aufgabe einer Referenzierung ist es, die von einem Dienst ausgestrahlten Meldungen auf der Empfangsseite eindeutig und fehlerfrei auf eine dort vorhandene, lokale Datenbasis abzubilden.

Vordefinierte, numerische Codes für Knotenpunkte und Streckenabschnitte im Straßennetz sind in TMC die Referenz zwischen senderseitiger und fahrzeugseitiger Karte. Die Codes werden als Tabellen in die digitale Karte im Fahrzeug integriert. Wegen des Codeumfangs und der begrenzten Bandbreite im RDS des FM-Rundfunks sind sie auf die Hauptverkehrswege (Autobahnen und Bundesstraßen) beschränkt.

Der Aktualisierungsaufwand für die Referenztabellen ist nicht unerheblich. Deshalb wurde in einem EU-weiten Projekt (AGORA) ein Verfahren entwickelt, das es ermöglicht, Meldungen für beliebige Straßen zu codieren, ohne versionsgleiche Referenztabellen bei Sender und Empfänger verwenden zu müssen. Das Verfahren basiert auf einem Vergleich von Straßengeometrien und Attributen (z. B. Straßenklasse, Straßennummer). Es hat sich in Tests bewährt und befindet sich in der internationalen Standardisierungsphase.

Selektion

Die Anzahl ausgestrahlter Meldungen kann z. B. in der Hauptreisezeit so groß werden, dass nicht alle Meldungen in einem Gerät ständig ausgewertet werden können. Relevante Meldungen werden in solchen Fällen durch das Endgerät anhand der Fahrzeugposition und ggf. entlang einer Route aus der Menge der verfügbaren Meldungen gefiltert.

Decodierung von Verkehrsmeldungen

Die Decodierung und Selektion TMC-codierter Verkehrsmeldungen gehört zum Funktionsumfang vieler Autoradios. Meldungen werden gespeichert (TIM, Traffic Information Memory) und können durch einen Sprachausgabebaustein in hörbare Meldungen umgesetzt werden. Da die Meldungen standardisiert sind, kann eine Umsetzung in verschiedene Sprachen erfolgen. Für diese Anwendung wurde die Codierung der Meldungen noch weit vor ihrem Einsatz zur Routendynamisierung in Navigationssystemen entwickelt.

Dynamische Zielführung
Die am weitesten automatisierte Auswertung von Verkehrsinformationen erfolgt zur dynamischen Zielführung. Durch die standardisierte Codierung von Straßenabschnitten, Ereignissen, örtlicher Ausdehnung und voraussichtlicher Dauer ist es dem Navigationssystem möglich, die Auswirkung einer Verkehrsstörung auf den Routenverlauf zu bewerten und dann zu berechnen, ob eine günstigere Alternativroute existiert.

Informationserfassung
Erfassung durch Infrastruktur an den Straßen
Der Nutzen der Verkehrstelematik ist von der Qualität und Aktualität der Meldungen abhängig. Informationen über den Verkehrsfluss auf wichtigen Straßenabschnitten werden bereits seit vielen Jahren durch Induktionsschleifen in den Fahrbahnen erfasst. Die Schleifen können die Anzahl und die Geschwindigkeit von Fahrzeugen messen und daraus Verkehrsdichte und Verkehrsstärke berechnen. Die Installation solcher Schleifen wurde in den letzten Jahren intensiviert, ist aber aufwändig und teuer.

Zusätzlich wurden von Diensteanbietern Sensoren an Autobahnbrücken installiert, die Fahrzeuge zählen, in ihrer Geschwindigkeit grob klassifizieren und diese Informationen drahtlos in eine Zentrale übertragen können.

Floating Car Data
Verkehrsinformationen werden auch nach dem Floating-Car-Data-Prinzip erfasst. Ein Auto „fließt" (floating car) im Verkehrsstrom mit und überträgt zyklisch seine Position und Geschwindigkeit in eine Zentrale. Durch statistische Auswertung dieser Daten werden aktuelle Meldungen über die Verkehrssituation generiert. Voraussetzung für diese statistische Methode ist die Ausrüstung einer ausreichend hohen Anzahl von Fahrzeugen mit einer Ortungs- und Sendevorrichtung (GSM-SMS). Diese Bedingung ist bisher noch nicht erfüllt.

Innerstädtische Dynamisierung
Im öffentlich geförderten Projekt INVENT (Intelligenter Verkehr und nutzgerechte Technik, Projekt von 2001 bis 2005) haben sich in den letzten Jahren verschiedene Firmen an der Entwicklung einer Meldungskette beteiligt, die es ermöglichen soll, Daten über Verkehrsflüsse auszuwerten, Prognosen zu erstellen und Meldungen an Verkehrsteilnehmer zu senden. Das Ziel ist, auf Basis von Leitstrategien das Straßennetz gleichmäßiger auszulasten und Verkehrsstörungen vorzubeugen. Das System ist in der Lage, Verkehrsströme zielgebietsabhängig und nach Fahrzeugarten (Pkw, Lkw) aufzuteilen. Navigationssysteme, die diese Meldungen auswerten, können Alternativroutenempfehlungen unter Berücksichtigung des individuellen Fahrzieles ausgeben. Die Ortscodierung nach AGORA fand hier bereits Anwendung.

Eine Weiterentwicklung zur Produktreife ist in den nächsten Jahren zu erwarten.

Off-Board-Navigation
Off-Board-Navigation bietet Zielführung über einen Diensteanbieter im GSM-Netz. Im Fahrzeug wird nur noch eine Eingabemöglichkeit für Ziele, eine Ausgabe für Fahrempfehlungen und eine Ortungseinheit benötigt. Routen und Fahrempfehlungen werden zentral bei einem Diensteanbieter berechnet und über GSM ins Fahrzeug übertragen.

Off-Board-Navigationssysteme haben bisher allerdings keine weite Verbreitung gefunden.

Videobasierte Systeme

Videosensoren spielen für Fahrerassistenzsysteme eine zentrale Rolle, da sie die Interpretation visueller Informationen (Objektklassifikation) gezielt unterstützen. Im Heckbereich kann die Videosensorik in der einfachsten Variante die ultraschallbasierte Einparkhilfe bei Einpark- und Rangiervorgängen unterstützen. Beim Nachtsichtsystem NightVision wird das mit Infrarotlicht angestrahlte Umfeld vor dem Fahrzeug mit einer Frontkamera aufgenommen und im Fahrzeugcockpit auf einem Display dem Fahrer angezeigt (s. Nachtsichtsysteme). Andere Fahrerassistenzsysteme verarbeiten die Videosignale und generieren daraus gezielt Informationen, die für eigenständige Funktionen (z. B. Spurverlassenswarner) oder aber als Zusatzinformation für andere Funktionen ausgewertet werden (Sensordatenfusion).

Bildverarbeitungssystem

Bild 1 macht das grundlegende Prinzip eines Bildverarbeitungssystems für Kraftfahrzeuganwendung deutlich . Der Bildverarbeitungsrechner (ECU, Electronic Control Unit, Steuergerät) extrahiert verschiedene Prädikate in Form von Objektlisten aus dem aufgenommenen Bild, wie z. B. den Spurverlauf, Geschwindigkeitsbegrenzungen oder die Entfernung zu Gegenständen vor dem Fahrzeug. Diese Merkmale erlauben es, ein virtuelles Modell der Fahrzeugumgebung zu erstellen. Aus den Objektlisten können die in Bild 1 dargestellten Informationen abgeleitet werden. Hieraus können wiederum verschiedene Informationen oder Warnungen an den Fahrer oder Fahrzeugeingriffe abgeleitet werden. Die Informationen können über einen Datenbus anderen Komponenten im Fahrzeug zur Verfügung gestellt werden.

In den im Bild 1 dargestellten Beispiel wird die vom Bildverarbeitungsrechner erkannte und als solches interpretierte Geschwindigkeitsbeschränkung vom

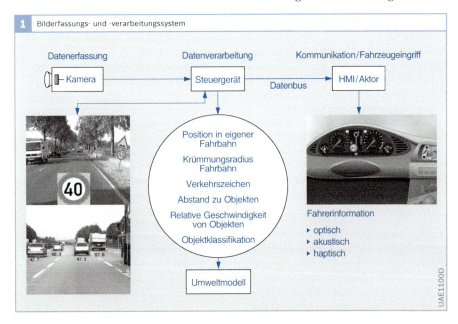

1 Bilderfassungs- und -verarbeitungssystem

Kombiinstrument übernommen und als Symbol in dessen Display angezeigt. Beachtet der Fahrer die Geschwindigkeitsbegrenzung nicht, so kann ihn das System zusätzlich akustisch oder haptisch, beispielsweise durch Erschweren der Gaspedalbetätigung, warnen.

Das enorme Potenzial der Videosensierung ist intuitiv aus der Leistung des menschlichen Sehapparates abzuleiten. Obwohl Computersehen noch weit von dem Leistungsvermögen des menschlichen Sehapparates entfernt ist, können heute schon einige videobasierte Funktionen dargestellt werden, wie z. B.
- Spurerkennung,
- Spurverlassenswarnung,
- Verkehrszeichenerkennung (Geschwindigkeit, Überholverbot usw.), mit entsprechender Warnung an den Fahrer,
- Erkennung von Hindernissen vor dem eigenen Fahrzeug,
- Kollisionswarnung oder
- Fahrzeugneigung (Nickwinkel) zur adaptiven Scheinwerferhöhenverstellung.

Beste Ergebnisse der Bildverarbeitung sind mit einer Stereokamera möglich. Für Kraftfahrzeuganwendungen ist dies jedoch heute noch zu kostspielig, sodass die Tendenz zum Einsatz einer Monokamera geht. Dies gestattet jedoch nur eine 2D-Bildauswertung, die einige Einschränkungen mit sich bringt. Funktionen wie Spurerkennung und Verkehrszeichenerkennung sind Beispiele, die gut mit einem Monosystem dargestellt werden können. Weiterhin ergänzt die Videotechnik in idealer Weise die Unzulänglichkeiten der Radarsensorik, die heute nicht oder nur sehr eingeschränkt in der Lage ist, eine Größenabschätzung oder gar eine Objektklassifikation durchzuführen.

Bildverarbeitung
Bildverarbeitung ist die Grundlage für videobasierte Systeme. Je nach Komplexität der Bildverarbeitung unterscheidet man verschiedene Stufen. Sie sind in Bild 2 dargestellt.

Die einfachste Stufe wird durch die reine Bildwiedergabe gebildet, wobei bei anspruchsvollen Funktionen wie Nachtsicht-

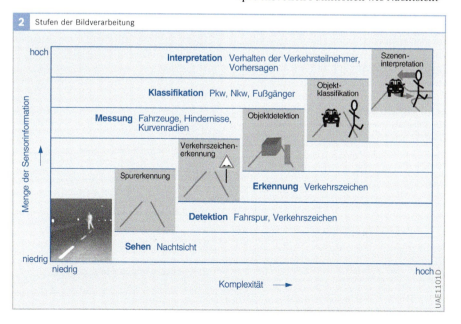

Stufen der Bildverarbeitung

verbesserung mit Bildwiedergabe durchaus sehr hohe Anforderungen an Bildqualität, Kontrast und Brillanz der dargebotenen Bilder gestellt werden. Dies bedeutet, dass auch für solche Systeme nicht auf einen Rechner mit hoher Rechenleistung verzichtet werden kann.

Im zweiten Schritt werden relevante Teile des Bildes basierend auf einem Modell oder auf bestimmten Eigenschaften extrahiert. Beispiele sind Spurerkennung oder die Geometrie und das Tracking eines Verkehrszeichens. Verkehrszeichenerkennung setzt voraus, dass die zu erkennenden Muster zuvor dem Rechner eingelernt wurden.

Objektdetektion ist wichtig zur Größenabschätzung von Objekten, die beispielsweise von einem Radargerät detektiert wurden. Sie ist eine wirksame Methode, um Objekte zu bestätigen und auf ihre Relevanz für Fahrzeugeingriffe zu überprüfen.

Objektklassifikation ist im militärischen Bereich im Einsatz, jedoch im Automobil mit vertretbaren Kosten zurzeit nicht darstellbar. Mit zunehmender Leistungsfähigkeit von Mikrorechnern sind in den kommenden Jahren einige Anwendungen zu erwarten.

Szeneninterpretation, also die Deutung von Szenen und Voraussagen der möglichen Bewegungsabläufe anderer Verkehrsteilnehmer, stellt die höchsten Anforderungen an die Leistungsfähigkeit eines Bildverarbeitungsrechners. Im Fahrzeug wird darauf noch einige Jahre zu warten sein.

Spurverlassenswarner und Spurhalteassistent

Unbeabsichtigtes Verlassen der Fahrspur gehört mit zu den häufigsten Unfallursachen. Sie sind zumeist durch Müdigkeit des Fahrers (Sekundenschlaf) oder durch Ablenkung verursacht. Ein Spurverlassenswarner soll dieser Unfallursache entgegenwirken, indem er die voraus liegenden Fahrbahnbegrenzungen detektiert und den Fahrer warnt, wenn die Gefahr besteht, dass eine Begrenzungslinie überfahren wird, ohne dass der Blinker gesetzt wurde.

Systeme zur Spurverlassenswarnung (LDW, Lane Departure Warning) benutzen Videokameras und können sowohl in Mono- wie auch in Stereotechnik aufgebaut werden. Die Reichweite eines Monosystems liegt bei guten Wetterverhältnissen und guten Spurmarkierungen im Bereich knapp über 40 m, beim Stereosystem sind es etwa 10...20 % mehr. Bisher konnten sich aus Kostengründen nur Monosysteme am Markt etablieren.

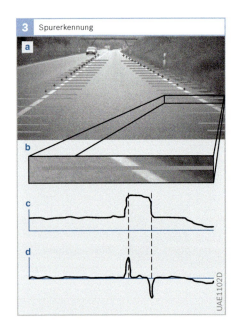

Bild 3
a Kamerabild mit Suchlinien
b Detailausschnitt
c Luminanzsignal (hoher Pegel bei heller Fahrspurmarkierung)
d Hochpassfilterung des Luminanzsignals (Spitzen an den Hell-dunkel-Übergängen)

Bild 3 zeigt das Prinzip der Fahrspurerkennung. Das Bildverarbeitungssystem sucht nach Fahrspurmarkierungen, indem Kontrastunterschiede zwischen Straßenbelag und Spurmarkierung ausgewertet werden. Bild 3a zeigt das Kamerabild mit Suchlinien, Bild 3b einen Detailausschnitt. Die Kreuze im Bild 3a markieren den Spurverlauf, der vom Bildverarbeitungsrechner berechnet wird. Um eine Linie zu detektieren, wird das Luminanzsignal innerhalb der Suchlinie analysiert (Bild 3c). Durch Hochpassfilterung (Bild 3d) werden die Grenzen der Fahrspurmarkierung detektiert.

Aus diesen Signalen kann eine Warnung für den Fahrer abgeleitet werden, wenn er die Fahrspur überfährt. Verschiedene Warnmodalitäten sind hierbei denkbar:
- Akustische Warnungen aus dem Fahrzeuglautsprecher in Form eines Warntons (Stereoton vermittelt zusätzlich eine Richtung) oder ein „Nagelbandrattern" haben sich als wirksame Formen der Warnung erwiesen.
- Neuerdings erschließt man für diese Warnung den haptischen Sinneskanal. Ein System mit vibrierendem Sitz (mit Richtungsinformation) ging Ende 2004 in Serie. Vibrieren des Lenkrads oder Beaufschlagung der Lenkung mit einem leichten Gegenmoment werden derzeit auf ihre Signifikanz untersucht.

Der Vorteil der Warnung über das Lenkrad besteht in der direkten Assoziation der Gefahr mit der Lenkung für den Fahrzeugführer.

Der Schritt zu einer automatischen Querführung (Spurhalteassistent mit aktivem Lenkeingriff) erscheint nicht mehr groß. Zu beachten ist dabei allerdings, dass ein solches System nach heutiger Vorschriftenlage nur dann aktiv sein darf, wenn der Fahrer die Hände am Lenkrad hat. Außerdem ist sicherzustellen, dass das System jederzeit vom Fahrer übersteuert werden kann.

Verkehrszeichenerkennung

Gemäß Bild 1 extrahiert der Bildverarbeitungsrechner verschiedene Merkmale aus dem Kamerabild. Verkehrszeichenerkennung setzt voraus, dass die zu erkennenden Muster zuvor dem Rechner eingelernt wurden.

Bild 4 verdeutlicht die Funktionsweise der Verkehrszeichenerkennung. Während der Fahrt sucht der Rechner ständig nach Objekten, die wegen ihrer äußeren Form Verkehrsschilder sein könnten. Ist ein solches Objekt gefunden, wird es so lange verfolgt (Tracking), bis es nahe genug ist, um von der Videokamera erkannt werden zu können.

Die vom Bildverarbeitungsrechner erkannte und als solche interpretierte Geschwindigkeitsbeschränkung wird vom Kombiinstrument übernommen und als Symbol im Graphikdisplay des Instruments angezeigt. Beachtet der Fahrer die Geschwindigkeitsbegrenzung nicht, so kann ihn das System zusätzlich akustisch oder haptisch warnen.

Eine zuverlässige Verkehrszeichenerkennung ist mittlerweile bis zu Geschwindigkeiten von 160 km/h und auch bei Regen und mäßiger Gischt möglich.

4 Verkehrszeichenerkennung

Videobasierte Systeme – Ausblick

In Verbindung mit stetig zunehmenden Rechenleistungen ermöglichen neue Video-Algorithmen ganz neue Funktionen. So erlaubt z. B. die Bildflussanalyse die Entwicklung neuer Algorithmen zur Unfallvermeidung. Grundidee ist die Analyse der Veränderungen zwischen aufeinanderfolgenden Einzelbildern einer mit hoher Geschwindigkeit (z. B. 40-ms-Takt) aufgenommenen Bildfolge. Bild 5 soll die Funktion beispielhaft erläutern:

Im rechten Teilbild (Bild n) ist eine gefährliche Situation mit dem Auge zu erkennen: Der Kopf eines Kindes ist zu sehen, das offensichtlich im Begriff ist, auf die Straße zu laufen. Das zweite Teilbild (Mitte, Bild n+1) kommt 40 ms nach dem ersten Bild, 80 ms sind vergangen. Wie der Kreis im Bild kennzeichnet, ist durch Bildflussanalyse der Kopf des Kindes, der jetzt ein wenig mehr hinter dem Fahrzeug hervorragt, bereits erkannt worden.

Noch ein Bild später (Bild n+2) wird vom Bildverarbeitungsrechner nun auch der Fuß des Kindes erkannt – damit ist die Gefährlichkeit der Situation offensichtlich. Seit dem ersten Bild sind jetzt 120 ms verstrichen. In dieser Zeitspanne hat das mit 50 km/h fahrende Fahrzeug lediglich 1,7 m zurückgelegt – es bleibt noch Zeit für die Einleitung unfallvermeidender Maßnahmen. Legt man dagegen die typische Schrecksekunde des Fahrers zugrunde, so wäre allein mit dem menschlichen Reaktionsvermögen ein Unfall kaum noch vermeidbar, da das Fahrzeug in dieser Sekunde etwa 14 m zurücklegen würde.

Kombiniert man die Fähigkeiten der Bildflussanalyse mit einer stereofähigen Kamera, so kommt man zu einer sehr robusten Fußgängererkennung. Während der Fußgänger mit Hilfe der Bildflussanalyse detektiert wird, ist durch die Disparität der beiden Teilbilder des Stereo-Videosystems eine zuverlässige Entfernungsmessung möglich. Beide Algorithmen zusammen geben eine sehr zuverlässige Aussage über die Relevanz des erkannten Objekts in definierter Entfernung.

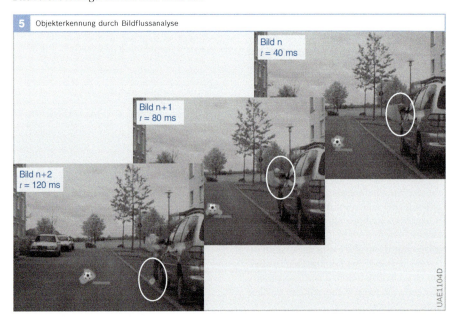

5 Objekterkennung durch Bildflussanalyse

Geschichte der Fahrerassistenzsysteme

Historie
Fahrerassistenz gehörte schon zu Beginn der Automobilentwicklung zu den Entwicklungszielen. Der Autofahrer sollte bei der Fahrzeugführung entlastet werden. Deshalb wurden im Laufe der Entwicklungsgeschichte des Kraftfahrzeugs Funktionen und Systeme eingebaut, die dem Fahrer assistieren. Hierzu einige Beispiele:
- Im Jahre 1912 kam zum ersten Mal in einem Cadillac ein elektrisch aktivierter Starter (Anlasser) zum Einsatz, der die handbetätigte Anlasserkurbel ablöste.
- 1918 wurde in einem Cadillac ein Vorläufer des Kurvenlichts angeboten (zusätzliche Laterne in der Mitte). 1968 gehörte das dynamische Kurvenlicht im Citroen DS zur Serienausstattung. Über einen Seilzug, der mit der Lenkung verbunden war, wurde das Fernlicht gelenkt. Das Mitschwenken des Abblendlichts ist in Europa erst seit 2003 zugelassen.
- 1932 führte Chrysler den Bremskraftverstärker in die Serie ein, der die vom Fahrer beim Bremsen aufzubringende Kraft verringerte.
- Ab 1940 wurden alle Fahrzeuge von Oldsmobile mit Automatikgetriebe ausgerüstet.
- Der Chrysler Imperial war 1951 das erste Fahrzeug, das serienmäßig mit einer Servolenkung ausgestattet war.
- Um den kalten Motor in Gang zu halten, musste früher das Luft-Kraftstoff-Gemisch von Hand über den Choke angefettet werden. Zunächst übernahmen bei Vergasermotoren Startautomatiken diese Aufgabe. Bei den heute eingesetzten Motormanagementsystemen erfassen Sensoren die Betriebszustände und stellen das Gemisch exakt und bedarfsgerecht ein.

All diese Systeme sind längst zur Selbstverständlichkeit geworden. Deshalb werden sie weder den Komfort- noch den Fahrerassistenzsystemen zugeordnet – obwohl sie den Fahrer entlasten.

Aktuelle Fahrer assistierende Systeme
Der Einzug der Elektronik im Kraftfahrzeug ermöglichte weitere Funktionen. In modernen Fahrzeugen finden sich eine ganze Reihe von Systemen, die dem Fahrer Handgriffe abnehmen und ihm damit assistieren. Oft genügt schon eine von Sensoren gelieferte Information, um Zusatzfunktionen zu realisieren. Einige Beispiele sollen an dieser Stelle erwähnt werden,
- Der Regensensor erkennt Wassertropfen auf der Windschutzscheibe und sorgt für das automatische Einschalten der Scheibenwischer. Abhängig von der Regenmenge steuert er das Wischintervall.
- Der Lichtsensor erkennt die verschiedenen Lichtsituationen (z.B. Dämmerung, Tunnelein- und -ausfahrten) und gibt die Information an das Bordnetzsteuergerät weiter. Dieses schaltet das Abblendlicht nach Bedarf ein- oder aus.
- Die von Sensoren erfasste Neigung des Fahrzeugs wird in der Leuchtweitenregelung (LWR) verarbeitet. Die Scheinwerfer werden je nach Beladung des Fahrzeugs so eingestellt, dass die Fahrbahn gut ausgeleuchtet, der Gegenverkehr aber nicht geblendet wird.
- Die Scheinwerferverstellung für das Kurvenlicht erfolgt nun nicht mehr rein mechanisch, sondern über Stellmotoren.
- Die Einstellungen der über Stellmotoren verstellbaren Sitze können gespeichert werden (Memoryfunktion). Damit ist nach Fahrerwechsel eine schnelle Anpassung an die einmal gespeicherte Sitzstellung möglich.

Diese Beispiele zeigen, dass solche Systeme für den Fahrer einerseits einen Komfortgewinn darstellen (z.B. muss er bei leichtem Nieselregen den Scheibenwischer nicht ständig bedienen), andererseits aber auch einen Sicherheitsgewinn mit sich bringen (z.B. ist das Abblendlicht bei Tunnelfahrten stets eingeschaltet).

Nachtsichtsysteme

Systeme zur Verbesserung der Nachtsicht können einen wesentlichen Beitrag zur Verkehrssicherheit leisten, da sich mehr als 40 % aller Unfälle mit Todesfolge bei Nacht ereignen, obwohl nur 20 % aller Fahrten bei Nacht stattfinden. Gründe hierfür sind u. a. schlechte Wetterverhältnisse und eingeschränkte Sicht durch Blendung des Gegenverkehrs.

Zur Beseitigung dieses Problems wurden in der Vergangenheit zahlreiche Anstrengungen unternommen. Schon vor einigen Jahrzehnten wurden zur Reduzierung der Blendwirkung Versuche mit polarisiertem Licht durchgeführt, die aber wegen der hohen Transmissionsverluste der Polarisatoren eingestellt wurden. Adaptives Kurvenlicht wurde 1968 eingeführt (mechanische Kopplung der Scheinwerfer mit der Lenkung). Intelligente Frontscheinwerfer, die ihre Lichtverteilung automatisch an die Verkehrsverhältnisse (z. B. Landstraße, Autobahn) anpassen, sind ebenfalls in Serie gegangen. Seit einigen Jahren sind Nachtsichtsysteme verfügbar, die auf der Basis von Infrarotstrahlung arbeiten.

Fern-Infrarot-Systeme (FIR)

Prinzip

Nachtsichtverbesserungssysteme auf Basis von Fern-Infrarot (FIR) werden für militärische Anwendung seit Jahren verwendet. Für Kfz-Anwendungen wurden sie erstmals im Jahre 2000 in den USA am Markt eingeführt. Sie detektieren Wärmestrahlung im Wellenlängenbereich zwischen 7 und 12 µm, die von Gegenständen ausgestrahlt wird. Man spricht demzufolge von einem passiven System, das keine zusätzlichen Strahlungsquellen zur Beleuchtung der Objekte benötigt (Bild 1a). Das Wärmebild wird über ein Display (HMI, Human Machine Interface) angezeigt.

Videosensorik

Die pyroelektrische Wärmebildkamera oder Mikrobolometerkamera ist nur im oben angegebenen Wellenlängenbereich sensibel. Da Windschutzscheibenglas für diese Wellenlängen nicht transparent ist, muss die Kamera im Außenbereich des Fahrzeugs, üblicherweise hinter einem Siliziumfenster, platziert werden.

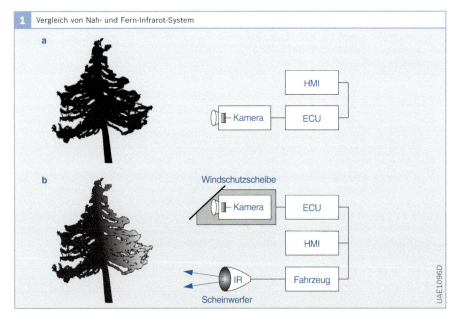

Bild 1
a Fern-Infrarot-System (FIR)
b Nah-Infrarot-System (NIR)

HMI Human Machine Interface
ECU Electronic Control Unit
IR Infrarot

Wärmebildkameras verwenden Germaniumoptiken. Tex-Glas mit hohem Germaniumanteil und entsprechendem Durchlassbereich ist in der Entwicklung.

Aktuell verfügbare Kameras besitzen QVGA-Auflösung (Quarter Video Graphics Array, 320 × 240 Bildpunkte). Die Signale der Kamera werden in einem Steuergerät (ECU, Electronic Control Unit) verarbeitet. Das erzeugte Videosignal wird auf ein Display gegeben, auf dem das Bild betrachtet werden kann.

Bilddarstellung

Warme Gegenstände zeichnen sich im Bild als helle Konturen im dunklen (kalten) Umfeld ab (Bild 2a), wobei der Kontrast umso besser ist, je höher die Temperaturdifferenz zwischen Objekt und Lufttemperatur ist. Die Bilddarstellung ist jedoch für den Beobachter eher ungewöhnlich, da das Erscheinungsbild nicht dem eines normalen Reflexionsbildes entspricht.

Nah-Infrarot-Systeme (NIR)

Prinzip

Eine andere Möglichkeit zur Realisierung eines Nachtsichtsystems basiert auf Infrarotstrahlung zwischen 800 nm und 1 000 nm, d. h. nahe dem sichtbaren Spektrum (Nah-Infrarot). Da Gegenstände keine Strahlung in diesem Wellenlängenbereich aussenden, müssen sie mit speziellen Scheinwerfern bestrahlt werden. Die reflektierte Strahlung kann dann von einer Videokamera aufgenommen werden (Bild 1b). Man spricht hier von einem aktiven System.

NIR-basierte Systeme wurden zunächst 2003 in einer einfacheren Version hinsichtlich der Bilddarstellung und mit herkömmlicher CCD-Kameratechnik in Japan eingeführt.

Videosensorik

Neuere NIR-Systeme arbeiten mit CMOS-Imagerchips, wie sie neuerdings vermehrt auch in hochwertigen Digitalkameras eingesetzt werden. CMOS-Imager aus Silizium sind in einem Wellenlängenbereich bis etwa 1 000 nm empfindlich. Neben der Aufzeichnung von Bildern im sichtbaren Wellenlängenbereich sind sie damit auch für Nachtsichtsysteme sehr gut einsetzbar. Durch die Synergie zu anderen videobasierten Systemen außerhalb des Kraftfahrzeugbereichs sind Imager mit VGA-Auflösung (640 × 480 Bildpunkte) und höher verfügbar.

Ausleuchtung

Halogenlampen, wie sie üblicherweise für Automobilscheinwerfer verwendet werden, besitzen einen hohen Anteil an Infrarotstrahlung. Sie reicht von der Grenze des sichtbaren Spektrums (380...780 nm) bis zu Wellenlängen jenseits 2 000 nm, mit einem Maximum zwischen 900 und 1 000 nm. Die Obergrenze der nutzbaren Wellenlänge bei Verwendung einer Videokamera liegt bei 1 100 nm, der Empfindlichkeitsgrenze von Silizium.

Bild 2 Erscheinungsbild von NIR- und FIR-Systemen
a Fern-Infrarot-System (FIR)
b Nah-Infrarot-System (NIR)

In der Praxis werden zur Realisierung des NIR-Systems zusätzliche NIR-Module in den Frontscheinwerfer integriert. Sie bestehen aus einem Halogenscheinwerfer mit vorgesetztem optischem Filter, der die sichtbaren Anteile des emittierten Spektrums herausfiltert. Bezüglich der Transmissionscharakteristik des Filters sind strenge gesetzliche Vorgaben zu beachten, die vorschreiben, dass keine rot erscheinende Lichtquelle an der Fahrzeugfront eingesetzt werden darf.

Arbeitsweise

Das Prinzip des NIR-Systems ist in Bild 3 dargestellt. Das normale Abblendlicht strahlt den Fußgänger nicht an; er wird vom Fahrer übersehen. Die modifizierten Frontscheinwerfer emittieren zusätzlich zum Abblendlicht NIR-Strahlung mit Fernlichtcharakteristik. Sie trifft den Fußgänger, er reflektiert IR-Strahlung zum Fahrzeug zurück. Die dort im Bereich der Windschutzscheibe angebrachte Videokamera nimmt die Szene vor dem Fahrzeug auf, die in einem Display im Fahrzeugcockpit angezeigt wird. Dies kann ein Head-up Display, ein Bildschirm in der Mittelkonsole oder im Kombiinstrument sein. Um zu einem brillanten und kontrastreichen Bild zu gelangen, ist es i. Allg. notwendig, die Kameradaten in einem Bildverarbeitungsrechner zu bearbeiten.

Das Licht entgegenkommender Fahrzeuge wird durch die Nichtlinearität des Imagers so stark reduziert, dass es nicht zu einer starken Überstrahlung im Display kommt.

In Europa ging 2005 das erste System mit CMOS-Kamera mit erweiterter VGA-Auflösung und brillanter Bilddarstellung im Kombiinstrument in Serie (NightVision, Bild 4).

Vergleich der Leistungsmerkmale von NIR- und FIR-Systemen

Durch die unterschiedlichen physikalischen Erfassungsprinzipien gibt es sehr große Unterschiede in der Bilddarstellung. Bild 2 zeigt die Bilder eines NIR-Systems und eines FIR-Systems.

Aufgrund der Nähe des NIR-Spektrums zum sichtbaren Spektrum reflektieren Objekte NIR ähnlich wie sichtbares Licht, d. h., das Bild erscheint dem Betrachter natürlich (Bild 2b). Im NIR-Bild fallen vor allem das vertraute Erscheinungsbild von Personen und Objekten und die deutlich sichtbaren Spurmarkierungen auf.

Das FIR-Bild ist gekennzeichnet durch das fremdartige Erscheinungsbild von Personen und Gegenständen (warme Zonen am Körper und die Fahrzeugreifen erscheinen im FIR-Bild hell). Die Fahrspurmarkierungen sind fast nicht sichtbar. Auch zeigen Verkehrszeichen oft nur einen sehr geringen Kontrast, da ihre Temperatur der Umgebungstemperatur angepasst ist.

NIR-Systeme zeigen somit deutliche Vorteile gegenüber FIR-Systemen: Aufgrund der brillanten Bilddarstellung können Objekte rasch erkannt werden und die visuelle Belastung durch den Ablesevorgang ist gering.

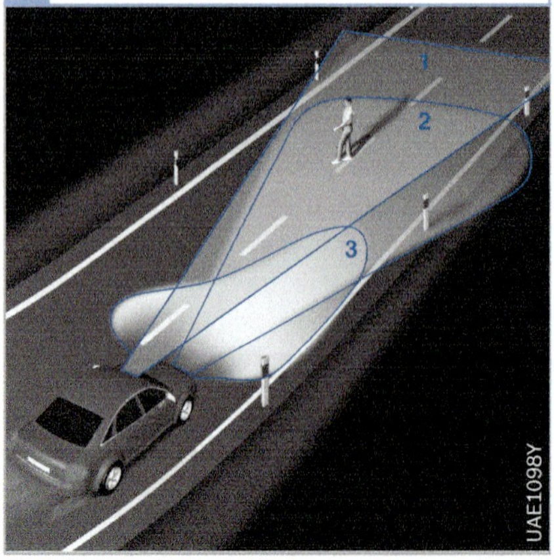

Bild 3
Abbildung nicht maßstabsgetreu

1 Erfassungsbereich Videosensor
2 Infrarotkegel
3 Lichtkegel Abblendlicht

HMI-Lösungen für Nachtsichtsysteme

Anzeigeeinheiten

Für die Darstellung von Nachtsichtinformation (sowohl NIR als auch FIR) bietet sich zunächst die direkte Bilddarstellung an. Heutige Systeme benutzen hierzu ein Head-up Display (HUD), bei dem die monochrome Information auf die Windschutzscheibe projiziert wird. Entsprechend den Gestaltungsrichtlinien für Fahrerinformationssysteme sollte das Bild im unteren Bereich der Scheibe dargestellt werden. Die ideale Darstellungsform wäre eine kontaktanaloge HUD-Anzeige, bei der sich das projizierte Bild genau mit dem natürlichen Bild überdeckt, das der Fahrer durch die Windschutzscheibe sieht. Solche Lösungen erfordern aber einen hohen technischen Aufwand wie z. B. die Erkennung der Kopfposition zum „Nachfahren" des HUD in den Sichtstrahl des Fahrers und/oder große Projektionsoptiken, für die der Raum im Fahrzeugcockpit nicht zur Verfügung steht.

Neben der Darstellung im HUD bietet sich die Darstellung in einem Graphikdisplay im Fahrzeugcockpit an. Hierbei ist allerdings darauf zu achten, dass der Bildschirm möglichst nahe der Windschutzscheibe und nicht zu weit von der normalen Blickrichtung des Fahrers entfernt ist, um lange Blickabwendungen vom Verkehrsgeschehen zu vermeiden. Besonders vorteilhaft in Bezug auf Ablesedauer und Ablenkung ist die Anordnung des Bildschirms im Kombiinstrument. Bild 4 zeigt als Beispiel das Instrument der Mercedes S-Klasse in den beiden Betriebsmodi.

Zukunftsperspektiven

Zukünftig werden Nachtsichtsysteme über Möglichkeiten der Objekterkennung und Objektklassifikation verfügen, sodass es möglich sein wird, auf die Bilddarstellung zu verzichten und den Fahrer nur dann situationsbezogen zu warnen, wenn sich ein Hindernis auf der Fahrspur oder in ihrer Nähe befindet.

Mit der gleichen Hardware, die für Nachtsichtsysteme verwendet werden, sind weitere videobasierte Assistenz- und Sicherheitsfunktionen möglich. Grundsätzlich erlaubt nur eine NIR-Kamera die Realisierung dieser Funktionen, wobei auch diesen die sehr gute Nachtsichtfähigkeit zusätzlich zugute kommt.

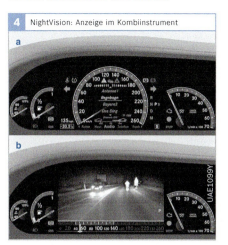

4 NightVision: Anzeige im Kombiinstrument

Bild 4:
Kombiinstrument der Mercedes S-Klasse

a Tagbetrieb
 Tachometer wird auf dem LCD-Bildschirm dargestellt
b Nachsichtbetrieb
 Auf dem Bildschirm wird das Videobild der Nachtsichtkamera dargestellt

Verständnisfragen

Die Verständnisfragen dienen dazu, den Wissensstand zu überprüfen. Die Antworten zu den Fragen finden sich in den Abschnitten, auf die sich die jeweilige Frage bezieht. Daher wird hier auf eine explizite „Musterlösung" verzichtet. Nach dem Durcharbeiten des vorliegenden Teils des Fachlehrgangs sollte man dazu in der Lage sein, alle Fragen zu beantworten. Sollte die Beantwortung der Fragen schwer fallen, so wird die Wiederholung der entsprechenden Abschnitte empfohlen.

1. Woraus besteht ein ABS-Regelkreis? Welche Regelgrößen gibt es? Welche Kriterien zur Regelgüte müssen erfüllt werden?

2. Wie sehen typische ABS-Regelzyklen aus? Welche Rolle spielen die Haftreibungszahl und die Giermomentenaufbauverzögerung? Was bedeutet das für das Kurvenbremsverhalten?

3. Wie funktioniert die Bremsregelung beim Allradantrieb?

4. Wie funktioniert die Antriebsschlupfregelung? Welche Stelleingriffe gibt es? Welche Rolle spielen Kardan- und Quersperrenregler abhängig von verschiedenen und unsymmetrischen Haftreibungszahlen?

5. Wie funktioniert die Antriebsschlupfregelung beim Allradantrieb?

6. Was sind die Aufgaben des elektronischen Stabilitätsprogramms?

7. Wie wirkt das elektronische Stabilitätsprogramm bei folgenden Fahrmanövern?
   a) Schnelles Lenken und Gegenlenken
   b) Fahrspurwechsel mit Vollbremsung
   c) Mehrfaches Lenken und Gegenlenken mit zunehmendem Lenkradeinschlag
   d) Beschleunigen und Verzögern in der Kurve

8. Wie ist die Reglerstruktur des elektronischen Stabilitätsprogramms aufgebaut? Welche unterlagerten Regler gibt es und wie wirken sie?

9. Welche automatischen Bremsfunktionen gibt es, welche Aufgabe haben sie und wie funktionieren sie?

10. Wie funktioniert die elektronische Bremskraftverteilung?

11. Wie funktionieren folgende Einparksysteme?
    a) Einparkhilfe
    b) Einparkassistent

12. Wie funktioniert ein ACC-System? Wie erfolgt der Eingriff in Motor, Getriebe und Bremsen?

13. Welche Sensorik ist für ein ACC-System notwendig? Wie erfolgt die Detektion und die Objektauswahl?

14. Welche Reglerfunktionen kommen im ACC-System zum Einsatz? Wozu dienen diese Reglerfunktionen?

15. Wie erfolgt die Anzeige und die Bedienung eines ACC-Systems?

16. Wie und wodurch sind die Funktionen des ACC-Systems limitiert?

17. Worin besteht das Sicherheitskonzept eines ACC-Systems?
18. Welche Insassenschutzsysteme gibt es im Kfz und wie funktionieren sie?
19. Wie ist ein Airbag-Steuergerät aufgebaut und wie funktioniert es?
20. Wie funktioniert ein Gasgenerator?
21. Wozu dient die Innenraumsensierung?
22. Wie funktionieren prädiktive Sicherheitssysteme und elektronische Fußgängerschutzsysteme?
23. Welche Ausführungen von Navigationsgeräten gibt es?
24. Wie funktioniert die Ortung mit GPS? Wie erfolgt die Koppelortung und das Map-Matching?
25. Wie wird die Route berechnet?
26. Wie erfolgt die Zielführung?
27. Wozu dient die Verkehrstelematik?
28. Welche videobasierten Systeme gibt es und wie funktionieren sie?
29. Welche Nachtsichtsysteme gibt es und wie funktionieren sie?

Abkürzungsverzeichnis

A
A/D: Analog/Digital
ABS: Antiblockiersystem
ACC: Adaptive Cruise Control (Adaptive Fahrgeschwindigkeitsregelung)
ADC: Analog Digital Converter (Analog-digital-Wandler)
AKSE: Automatische Kindersitzerkennung
AMLCD: Active Matrix LCD (aktiv adressiertes LCD)
AMR: Anisotrop magnetoresistiv
ASC: Anti-Slipping-Control (Antriebsschlupfregelung)
ASIC: Application Specific Integrated Circuit (anwendungsbezogene integrierte Schaltung)
ASR: Antriebsschlupfregelung
AV: Auslassventil

B
BA: Bremsassistent
BDW: Brake Disc Wiping
BL: Belt Lock (Switch)

C
C2CC: Car to Car Communication
C2IC: Car to Infrastructure Communication
C2X: Sammelbegriff für C2CC und C2IC
CAHR: Crash Active Head Rest (Crash-aktive Kopfstütze)
CAN: Controller Area Network (Steuergeräte Datennetzwerk)
CCD: Charge Coupled Device
CD: Compact Disc
CDD: Controlled Deceleration for Driver Assistance Systems
CDP: Controlled Deceleration for Parking Brake
CMOS: Complementary Metal Oxide Semiconductor
CPU: Central Processing Unit (Zentrale Recheneinheit des Mikrocontrollers)
CROD: Crash Output Digital
CRT: Cathode Ray Tube (Bildröhre)

D
DAB: Digital Audio Broadcast
DC: Direct Current (Gleichstrom)
DRO: Dielektrischer Resonanz-Oszillator
DRS: Drehratensensor
DSP: Digitaler Signalprozessor
DSRC: Dedicated Short Range Communication
D-STN-LCD: Double Super Twisted Nematic LCD
DVD: Digital Versatile Disc

E
EBP: Electronic Brake Prefill
EBV: Elektronische Bremskraftverteilung
ECU: Electronic Control Unit (Steuergerät)
EDC: Electronic Diesel Control (Elektronische Dieselregelung)
EEPROM: Electrically Erasable Programmable Read-Only Memory
EGAS: Elektronisches Gaspedal (Elektronische Drosselklappenasteuerung)
EHB: Elektrohydraulische Bremse
EIRP: Equivalent Isotropic Radiated Power
EMP: Elektromechanische Parkbremse
EPCD: Early Pole Crash Detection
EPP: Electronic Pedestrian Protection (elektronisches Fußgängerschutzsystem)
ESoP: European Statement of Principles (on HMI)
ESP: Elektronisches Stabilitätsprogramm
EU: Europäische Union
EV: Einlassventil

F
FAS: Fahrerassistenzsystem
FDR: Fahrdynamikregler
FFT: Fast Fourier Transformation
FIR: Fern-Infrarot
FIS: Fahrerinformationssystem
FLIC: Firing Loop Integrated Circuit
FM: Frequenzmodulation
FMCW: Frequency Modulated Continuous Wave
FMVSS: Federal Motor Vehicle Safety Standard
FSR: Full Speed Range (ACC für alle Geschwindigkeitsbereiche)

G
GIDAS: German In-Depth Accident Study (Unfalldatenerhebung)
GMA: Giermomentaufbauverzögerung (ABS)
GPRS: General Packet Radio Service (Allgemeiner paketorientierter Funkdienst)
GPS: Global Positioning System
GSM: Global System for Mobile Communications

H

HBA: Hydraulic Brake Asset (Hydraulischer Bremsassistent)
HD: Harddisc (Festplatte)
HDC: Hill Descent Control (Bergabfahrassistent)
HDRC: High Dynamic Range Camera
HF: Hochfrequenz
HFC: Hydraulic Fading Compensation
HHC: Hill Hold Control (Anfahrassistent)
HMI: Human Machine Interface (Mensch-Maschine Schnittstelle)
HMI: Human Machine Interaction (Mensch-Maschine Interaktion)
HRB: Hydraulic Rear Wheel Boost
HSV: Hochdruckschaltventil
HUD: Head-up Display
HZ: Hauptzylinder

I

IC: Integrated Circuit
IEEE: Institute of Electrical and Electronics Engineers
INVENT: Intelligenter Verkehr und nutzgerechte Technik
ISM: Industrial, Scientific, Medical
ISO: International Organisation for Standardization (Organisation für internationale Normung)

L

LCD: Liquid Crystal Display (Flüssigkristallanzeige)
LDW: Lane Departure Warning (Spurverlassenswarnung)
LED: Light Emitting Diode (Leuchtdiode)
LIDAR: Light Detection and Ranging
LRH: Lenkrollhalbmesser
LRR: Long Range Radar
LSF: Low Speed Following (Staufolgefahren)
LWR: Leuchtweitenregelung
LWS: Lenkradwinkelsensor

M

MBWA: Mobile Broadband Wireless Access
MC: Microcomputer
MME: Motormomenteneingriff
MOD: Mono-Objekt-Detektion
MOS: Metal Oxide Semiconductor
MOV: Mono-Objekt-Vertifikation
MSR: Motorschleppmomentregelung
MV: Magnetventil
µC: Mikrocontroller

N

n.c.: normally closed (stromlos geschlossen)
NF: Niederfrequenz
NHTSA: National Highway Traffic Safety Administration
NIC: Newly Industrialized Countries (Schwellenländer)
NIR: Nah-Infrarot
n.o.: normally open (stromlos offen)

O

OC: Occupant Classification
ODB: Offset Deformable Barrier Crash (Offset-Crash gegen weiche Barrieren)
OMM: Oberflächenmikromechanik

P

PAS: Peripheral Acceleration Sensor (peripherer Beschleunigungssensor)
PBA: Predictive Brake Assist
PCS: Pedestrian Contact Sensor
PCW: Predictive Collision Warning
PEB: Predictive Emergency Braking
PIC: Periphery Integrated Circuit
PLL: Phase Locked Loop
PMD: Photonic Mixing Device
POI: Point of Interest
PPS: Peripheral Pressure Sensor (peripherer Drucksensor)
PSS: Predictive Safety System (Prädiktive Sicherheitssysteme)
PTT: Push to Talk

Q

QVGA: Quarter Video Graphics Array (320 x 240 Bildpunkte)

R

Radar: Radio Detection and Ranging (Erkennung und Entfernungsmessung mit Radiowellen)
RAM: Random Access Memory (Schreib-/Lesespeicher)
RDS: Radio Data System
ROM: Read Only Memory (Nur-Lese-Speicher)
ROSE: Rollover Sensing (Überrollsensierung)
RS: Rotational-Speed Sensor (Drehgeschwindigkeitssensor)
RZ: Radzylinder

S

SA: Analoge Signalaufbereitung
SBC: Sensotronic Brake Control (Elektrohydraulische Bremse)
SBE: Sitzbelegungserkennung
SCON: Safety Controller
SCU: Sensor & Control Unit
SD: Secure Digital (Memory Card)
SG: Steuergerät
SMS: Short Message Service

SPI: Serial Peripheral Interface
SRR: Short Range Radar
SUV: Sport Utility Vehicle

T

TCS: Traction Control System (Traktionskontrollsystem)
TFT: Thin-Film Transistor (Dünnschichttransistor)
TIM: Traffic Information Memory
TMC: Traffic Message Channel
TN-LCD: Twisted Nematic LCD
TOF: Time of Flight
TPEG: Transport Protocol Experts Group

U

UFS: Upfront Sensor
UKW: Ultrakurzwelle
UMTS: Universal Mobile Telecommuncations System
USA: United States of America (Vereinigte Staaten von Amerika)
USV: Umschaltventil
UWB: Ultra Wide Band

V

VCO: Voltage-Controlled Oscillator
VDA: Verband der Automobilindustrie
VFD: Vacuum Fluorescent Display (Vakuumfluoreszenzanzeige)
VGA: Video Graphics Array (640 x 480 Bildpunkte)
VICO: Virtual Intelligent Co-Driver
VLSI: Very Large Scale Integration

W

WiMAX: Worldwide Interoperability for Microwave Access
WLAN: Wireless Local Area Network

Z

ZP: Zündpille

Printed by Printforce, the Netherlands